保健叢書88

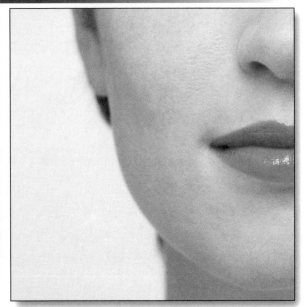

化妝品

好壞知多少

保養品成分剖析

張麗卿　著

自序

　　投入化妝品研發及教學工作十餘載，一直以作為一個專業人自許。寫作、出書，藉以鞭策自己往專業更上一層之外，還背負著正確知識傳承的責任。

　　在我所寫的幾本專業著作廣受國內學界與業界肯定的同時，演講邀約、諮詢電話不斷。近兩年來，深覺有心自我進修，以取得正確化妝品成分知識者眾多，卻遍尋不著心目中理想的書籍。筆者在演講會場經常被詢問：「市面上有哪些書籍，其內容較為中肯，適合自修？可否推薦幾本好書？」事實上，這種問題，比專業問題更難答覆。據筆者瞭解，化妝品類叢書雖多，但值得一般消費者去閱讀、採信的真的不多，而太專業的大專科技用書，則實在是較為難懂。

　　是讀者的期望，也是自我的期待吧。在忙碌的生活中寫書，不是件輕鬆的差事。本著專業人愛惜羽毛的心情，下筆的審慎，猶如管錢的

帳房，字句錙銖必較。除了不想讓愛護、信賴我的讀者失望之外，也希望透過專業人不偏不倚的立場，粉碎過於商業化、誇大的化妝品功效，還給讀者知的權力。

這本書的主要訴求是「保養品的有效成分」。筆者將化妝品分成四大類：卸妝、清潔、敷臉與保養品。從成分本身做剖析，翔實地寫出優缺點。成分的收錄，則盡可能地囊括市面上所有類別。相信這會是一本非常值得珍藏的化妝品成分工具書。至於是不是好書，就有待讀者的回響了。

張麗卿 謹誌
2000年10月31日

目次

第一篇

臉部清潔用品

單元 1

洗臉用品面面觀

❀ 買洗面乳不能全憑感覺喔！

洗臉，攸關面子問題，更是肌膚保養把關的首要工作。

根據一項針對大專學生所做的洗臉用品購買習慣調查發現：現代年輕一族，選擇洗面乳時，對品牌的忠誠度並不高。購買動機，主要是受廣告詞、包裝的吸引力，或者是同儕之間的互動所影響。

絕大多數的人，一個牌子用完，就換用另一個品牌試試。還有不少人，同時使用多種牌子。

而凡是廣告詞中，強調「洗的乾淨、擁有好味道、具有調理改善膚質」等功效的洗臉產品，對年輕人來說都具有相當的吸引力。所以，一些以「深層清潔毛孔、去除暗沈角質、治療粉刺面皰、美白及保濕」等訴求的產品，賣得特別好。

常逛街的人不難發現：近幾年來大型精品店及美材行，如雨後春筍般地林立。商場中所提供的產品，除了一般超市、百貨架上的品牌之外，還有更多國內工廠製造以及進口的製品。

對消費者而言，商品種類多樣化原本是件好事，直覺上多了很多選擇及比較的機會。

但事實是否真如想像中的那樣？你是否因此，而順利地買到適合自己的產品了呢？

🌸 別盡信荒腔走板的廣告效果

筆者發現到：部分進口化妝品，經由進口商重新張貼「中文成分說明」之後，其內容有扭曲原意之嫌。不但簡略了成分，更誇大了功效。所以，你從說明書或仿單上所讀到的功效，多數不夠真實。

另一種開倒車的現象是：成分欄不標示主要成分，反而寫些添加成分來充數。

曾經有讀者拿一支洗面乳仿單，問我裡面的成分好不好？仔細看，上面的成分寫的是「高效保濕因子，維生素E」兩種成分。我只能這樣回話：基本上，洗面乳的好壞，無法從這兩種成分得到訊息。

因為這兩個成分都不具清潔效用。充其量只

是附屬的營養成分，無關乎洗面乳本身的好壞。

事實上，沒有標示清潔成分名稱的洗面乳，不只是消費者無法論斷好壞，連專業製造者，都得花費好大的工夫才能辨識優缺呢！

❀別讓你的選擇權益睡著了

是否作為消費者的你，該覺醒了呢？以現代人的保健觀念，都懂得拒絕吃來路不清、成分不明的藥。對每天與自己有肌膚之親的清潔產品，也該有此觀念才是。記住！**不去使用、購買成分不詳的製品。**看不到成分，只吹噓療效的產品你去用，這行為跟去夜市買藥吃有什麼兩樣呢！

仔細回想一下，你遭遇過什麼樣的洗臉問題呢？是否每次選用的產品，其效果都能如標示上所言的一般呢？如果沒有，那麼，問題出在哪裡？是你選了不適合自己的產品？還是產品本身不誠實呢？

你必須面對自己的面子問題，才能真正解決困擾。

❀「好品質」？怎麼個好法要有憑有據

什麼產品叫做「好」？美容專家會告訴你：

「適合自己膚質的產品，就是好產品」。所以不一定要貴或是名牌。

這道理很簡單，大家都明白，但知易行難。

因為大半數的人並不清楚「適合自己」的標準是什麼？是否每一種產品都拿來試用看看？或者是把自己當做白老鼠一般地進行動物試驗就能知道？

如果你尋找適合自己產品的方法，是用這種嘗試錯誤的方式，那真的很冤枉。

接下去的單元，將能幫助你提升選擇洗臉用品的能力，請勿錯過。

如何選擇優良的洗臉產品

❀「無皂鹼」、「pH5.5」不能為品質背書

一般人在選擇洗臉產品時，會注意自己的膚質狀況，然後再依產品的標示，選擇所謂適合自己的種類。

回顧一下市面上的洗臉製品，是如何誘導你選擇好產品的呢？最常見的例子是「無皂鹼」與「pH5.5」，都標榜不會刺激皮膚。

事實上，這種條件對於皮膚乾燥及過敏性膚質者較為必須。再換個角度看事實，乾燥及過敏型肌膚者，若只以無皂鹼及弱酸性，作為選擇產品的依據，對皮膚的保障還是不夠的。

❀膚況不同，對洗面乳的要求標準是不相同的

筆者先以「不同膚質」的角度，來談產品選擇的方法。

對擁有健康肌膚的人來說，好的洗臉產品，必須具有合理的洗淨力，及長期使用不傷肌膚的基本條件。

　　至於是否爲皂化配方？酸鹼值應該多少？並沒有絕對限定的必要。

　　對於乾燥或易起過敏現象的肌膚來說，好的洗臉產品，條件就必須有所限制。

　　因爲肌膚乾燥，所以忌諱使用去脂力太強的洗面皂。

　　而易過敏者，角質層通常較薄或皮膚已有紅疹現象。所以，並不適宜使用鹼性配方或含果酸濃度高的製品。

　　油性肌膚或面皰型肌膚者，也不宜一味地想洗去臉上過剩的油膩，而使用去脂力過強的產品。

　　去脂力強的洗淨成分，雖能輕易地將皮膚表面的油脂去除，但同時也會洗去一些對皮膚具有保護防禦作用的皮脂，長久下來反而弄糟了膚質。

　　油性膚質者較理想的作法是：使用溫和、中度去脂力的清潔成分，並且增加洗臉次數。此外，配合定期的敷臉，才能深層清潔毛孔，使老舊的皮脂廢物代謝出來，改善不佳的膚質。

❀ 成分才是決定品質的要素

　　若是以「成分」的角度，來談產品的選擇

呢？這正是筆者要與讀者分享的專業知識，也是接下來單元的重點。

也許，你也曾質疑化妝品廠商的成分標示之可信度，但是我們不能因為部分不肖廠商的作為，而完全否定成分標示的真實性。落實標示，是政府相關衛生部門的責任。我們期待政府能嚴格把關。

❀ 使用優良的清潔成分，才能製成好的洗面乳

在看下一單元之前，讀者必須先瞭解「好成分」的基本觀念為何。因為廠商可以用附屬添加的成分宣傳，輕易地誤導讀者。

例如強調可高度保濕、美白淡斑、治療面皰等等的成分。或強調純植物性配方，添加珍貴護膚成分等等，都是常見的伎倆。

其實，洗臉產品的好壞，主要決定於「清潔成分」本身，而不是那些添加物。極低比例量的滋養成分，透過廠商的促銷宣傳，其效果不能盡信。事實上，這些添加成分，透過洗臉的過程，很少能留在臉上發揮功效的。

接下來的內容，將分別闡述時下洗臉產品的成分，包括其特性及相關常識。相信能增強你選擇好產品的實力。

單元 3

洗面皂的優缺點剖析

筆者所稱的「洗面皂」，乃是指外觀呈硬塊狀者。另外，有乳膏狀的產品也稱爲洗面皂，筆者將這一類產品，歸類在皂化配方洗面乳中再談。

✿ 洗面皂，一定是鹼性的

洗面皂，是偏鹼性的皂化配方製品。這類製品常見的名稱有：美容香皂、植物香皂、貂油皂、透明香皂、蜂蜜香皂及甘油皂等等。不論稱呼如何改變，其原始鹼性的本質都是相同的。

鹼性皂有什麼值得注意的性質呢？最重要也是最糟的是：酸鹼值的偏高。一般洗面皂的酸鹼度約pH9~10，而人體皮膚平均酸鹼值則約在pH5.5左右。偏鹼性是洗面皂最爲人所詬病的缺點。但洗面皂因擁有極佳的清潔力，洗後臉部有油脂盡去的輕快感，所以愛用者仍然很多。

✿ 洗鹼性皂，會怎樣？

　　然而過度去除臉上的油脂，以及皂鹼過度的溶解角質，會造成洗完臉後，臉部表皮緊繃、乾燥的感覺。

　　所以，對於乾性膚質及角質層較薄的敏感性膚質者，均不適宜使用這一類皂化的鹼性製品。

　　較講究證據的說法是：將各類清潔成分相比較，證實皂鹼最易與皮膚的角質蛋白結合，造成皮膚粗糙老化、功能下降。

❀ 不顯乾澀膚觸的洗面乳，不表示低刺激性

　　也許你會認為手邊的洗面皂，洗後並未發生肌膚乾燥緊繃的感覺。這可能的原因是你屬於油性膚質，所以使用後的評價有別於中乾性膚質者。

　　另外一個重要的因素是：洗面皂中添加了其他防止皮膚乾燥的成分。

　　洗面皂若欲緩和過於緊繃乾燥的膚觸，唯一的方法就是添加一些「水不溶性的成分」，如此就可以產生柔膚、不乾澀的效果。

　　這類水不溶性的成分包括：各種植物油、維生素E、羊毛脂、高級醇酯類等。廣告術語則稱之為「柔膚劑、乳霜」。於是就出現了所謂

柔膚配方的洗面皂及乳霜皂的商品。廣告說法是：「洗後不乾、不澀」、「洗後能在肌膚上形成保護膜」。

筆者要誠懇地忠告讀者：添加潤膚成分的洗面皂，對肌膚不見得有益。

這些另外添加的成分，雖能修飾洗面皂乾澀的缺點，卻無法改變洗面皂鹼性的本質。更且降低了洗面乳應有的清潔力。所以，敏感性肌膚仍不宜輕易嘗試。

❁ 油性膚質對洗面皂的耐受性較好？

而至於油性肌膚，使用這一類含乳霜的洗面皂，則極可能因為洗淨能力不足，而無法完全發揮清潔的功效。這常會造成部分老舊的皮脂或污垢殘留在臉上，又覆蓋了一層洗面皂殘留的柔膚劑。幾次洗臉下來，終將造成毛孔阻塞，損及肌膚的健康。情況嚴重者，還有長粉刺、膚質日顯粗糙的現象發生。

因此，高乳霜比例的洗面皂，只適合乾性健康及中性肌膚者使用，或者選擇性地在冬季使用。

❁ 透明香皂，品質不一定高明

與乳霜皂相比較，透明香皂就沒有含乳霜的

問題。

一般來說，透明皂的售價高於不透明皂。洗起來的感覺也舒服清爽。但這並不意味著透明皂的品質就比較好喔！

透明皂仍然有過度去脂以及偏鹼性的缺點，並非大眾想像般的高品質。

有些透明皂強調是甘油皂，聲稱可以加倍保濕肌膚。這是真的嗎？

甘油確實是可以保濕，但是必須保留在皮膚上，才能發揮水合的功能。以洗臉的程序來說，甘油與皮膚接觸的時間非常的有限，洗完臉時，甘油實際上已完全地被水沖走，要能保濕其實是騙人的。

🌸 沒有所謂中性或弱酸性的香皂（Soap）

目前市面上有聲稱「中性或弱酸性」的洗面皂，是否有矇騙消費者的嫌疑呢？是真或假，必須從製作的源頭來看，才能論定。

洗面皂是以油脂為原料，再與強鹼性的氫氧化鈉，共煮製造而來的。如果是以此方法製造出來，那麼不論透明與否，或聲稱添加了護膚成分，都仍然是鹼性的。

至於中性及弱酸性的洗面皂，其製造原料，

基本上與前者就不相同了。它主要是使用合成的界面活劑，以適當的黏結劑，將多種界面活性劑黏結在一起，再製作成塊狀。因此，其性質與傳統的洗面皂完全不同，自然沒有皂鹼的問題。

　不同的界面活性劑，有不同的性質。例如：不相同的去污力、不相同的酸鹼度及刺激性等。

　廠商利用各種不同的差異，可以製作出各種膚質專用的洗面皂。

　至於其品質如何？則完全要看所使用的清潔成分──「界面活性劑」的性質來衡量了。筆者將在下一單元「洗面乳」中述及。

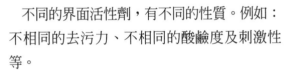

洗面皂

1.基本成分：油脂製成的皂基。

2.添加成分：羊毛脂、維生素E、植物油、植物萃取、高級醇酯等。色料、香料、防腐劑等。

3.產品特性：鹼性、pH9~10、去脂力佳。

4.適用對象：健康偏油性肌膚。

5.忌用對象：過敏膚質、乾燥膚質、青春痘化膿肌膚。

單元4

洗面乳的優缺點剖析

不論化妝與否，使用清潔劑幫助洗去臉上的污垢是需要的。

洗面乳，是一般大眾最常選擇的臉部清潔劑。具有乳霜狀外觀與相當的稠度之膏狀製品。

❀ 何謂皂化配方洗面乳？

市面上的洗面乳，常有如下的標示：「不含皂配方」或「無皂鹼」等字眼。這已明白地表示出：洗面乳有含皂配方與不含皂配方之別。

洗面乳的組成，可分為兩大類。第一類是含有洗面皂成分的皂化配方；第二類則是完全不含皂，而以合成界面活性劑為主成分的配方。

皂化配方的洗面乳，其性質與洗面皂相去不遠，即鹼性、去脂力佳。剛洗後的感覺十分的清爽，整個臉上的毛孔，像能呼吸一般的自在。

但是，一旦臉上的水分自然蒸發後，肌膚仍

會有過於緊繃及乾燥的情況。所以，到了冬季，就只有油性膚質者適宜使用。

皂化配方的洗面乳，雖有其先天上的缺點，但是其商品市場占有率不小。理由很單純，就是好洗的感覺廣受好評。事實上，這種無負擔的膚觸，是皂化配方與生俱來的。換言之，非皂化配方就沒有這種特色。

✿ 如何判斷市面上的洗面乳是皂化配方呢？

首先，要瞭解原料。皂化配方，是使用各種脂肪酸與鹼劑一起反應製造來的。所以，成分欄裡若同時出現：「脂肪酸與鹼劑」，就是皂化配方。列表如下：

脂肪酸 (Fatty acid)	十四酸／肉荳蔻酸 (Myristic acid)
	十二酸／月桂酸 (Lauric acid)
	十六酸／棕櫚酸 (Palmitic acid)
	十八酸／硬脂酸 (Stearic acid)
鹼劑	氫氧化鈉 (Sodium hydroxide)
	氫氧化鉀 (Potassium hydroxide)
	三乙醇胺 (Triethanol amine)
	AMP (2-Amino-2-methyl propanol)

而以合成界面活性劑為主要成分的洗面乳，其品質的良劣、性質特色，則與所選用的界面

活性劑息息相關。

換言之，界面活性劑決定了整支洗面乳的好壞。

但是，這最關鍵的成分，卻非一般消費者所能辨識。就算是有心人，拿著字典逐字查閱，也不得其門而入。

因此，常見到化妝品業者，將成分寫成較通俗易懂的字眼。例如：「純天然椰子油配方」、「百分之百植物性配方」、「含特殊清潔粒子，可深層潔膚」、「親膚性胺基酸配方」等等。

其實這種表示法，對消費者並沒有幫助。充其量只能視爲廠商所用原料的形容詞，對眞實成分仍無法知悉。

所以，要瞭解成分的眞實面貌，必須先捨棄業者強化的說詞。

✿不含皂洗面乳仍有好壞的差異

界面活性劑是有好壞差別的。其中不乏過強去脂力、偏鹼性與對皮膚具刺激性的原料。

爲了讓讀者徹底瞭解界面活性劑的差異，以下將針對經常應用於洗面乳的界面活性劑，就其性質、對皮膚的作用及優缺點等，作簡單的介紹。讀者只要對照市面上的產品成分欄，是

否爲優良清潔成分，答案立現原形。

❀ 洗面乳成分好壞看這裡

以下將值得推薦的成分，以 " * " 號表示，*
越多表示越好。

界面活性劑的好壞差異介紹如下：

（1）十二烷基硫酸鈉

(Sodium lauryl sulfate, SLS)

此爲去脂力極強的界面活性劑。是目前強調
油性肌膚或男性專用洗面乳，最常用的清潔成
分。

其缺點是對皮膚具有潛在的刺激性，與其他
界面活性劑比較，屬於刺激性大者。

十多年來，一直有相關的研究報導指出：
SLS對皮膚具有刺激性的事實。因爲過強的去
脂力，將皮膚自然生成的皮脂膜過度的去除，
長期下來將使得皮膚自身的防禦能力降低，引
起皮膚炎、皮膚老化等現象。

所以，眞要選用這一類產品，筆者只建議膚
質健康且屬油性膚質者使用就好。對於屬於過
敏及乾性肌膚者，切忌使用這一類產品。

（2）聚氧乙烯烷基硫酸鈉

(Sodium laureth sulfate, Sodium lauryl ether sulfate, Sodium laureth-2 sulfate, Sodium trideceth sulfate, SLES)

亦屬於去脂力佳的界面活性劑。其對皮膚及眼黏膜的刺激性，稍微小於前SLS。所謂眼黏膜刺激，是指沾濕到眼睛時，眼部會有刺激起虹彩的現象。當然，並不是所有的界面活性劑都會造成眼黏膜刺激。

這類清潔劑非常廣用，除了應用於洗臉產品，還大量的使用於沐浴乳及洗髮精的配方中。廣被廠商使用的原因是洗淨力佳且原料價格低廉。

以SLS或SLES為主要清潔成分的洗面乳，通常需調配成偏鹼性配方，才能夠充分發揮洗淨能力。若搭配果酸一起加入產品中，則因無法調整為酸性溶液，果酸的效果會大打則扣。所以，不建議購買這兩類洗淨成分，聲稱搭配果酸的清潔製品。

讀者可能還想瞭解SLS、SLES與皂化配方相比較，哪一種去脂力較強或刺激性較大？在洗淨力上，SLS、SLES絲毫不遜色於皂化配方。

對皮膚的刺激度，則相去不遠。不過以洗後的觸感而言，則以皂化配方為佳。

（3）醯基磺酸鈉***

(Sodium cocoyl isethionate)

具有優良的洗淨力，且對皮膚的刺激性低。此外，有極佳的親膚性，洗時及洗後的觸感都不錯，皮膚不會過於乾澀且有柔嫩的觸感。

以此成分為主要洗面乳配方時，酸鹼值通常控制在pH5～7之間，十分適合正常肌膚使用。因此，建議油性肌膚者，或喜好把臉洗得很乾爽、無油滑感的人，選用這一類成分，長期使用對肌膚比較有保障。

（4）磺基琥珀酸酯類**

(Disodium laureth sulfosuccinate, Disodium lauramido MEA-sulfosuccinate)

屬於中度去脂力的界面活性劑，較少作為主要清潔成分。去脂力雖然不強，但具有極佳的起泡力，所以常與其他的洗淨成分搭配使用以調節泡沫。

除了洗面乳之外，更常見於泡沫沐浴乳及兒

童沐浴乳中使用，或在發泡性較差的洗淨成分中作爲增泡劑使用。本身對皮膚及眼黏膜的刺激性均很小，對乾性及過敏性肌膚來說，可算是溫和的洗淨成分。

（5）烷基磷酸酯類

(Mono alkyl phosphate, MAP)

屬於溫和，中度去脂力的界面活性劑。這一類製品，必須調整其酸鹼在鹼性的環境，才能有效發揮洗淨效果。親膚性不錯，所以洗時及洗後觸感均佳。但是，對於鹼性會過敏的膚質，仍不建議長期使用。

（6）醯基肌氨酸鈉****

(Sodium cocoyl sarcosinate,Sodium lauryl sarcosinate)

中度去脂力、低刺激性、起泡力佳、化學性質溫和。較少單獨作爲清潔成分，通常搭配其他界面活性劑配方。除了去脂力稍弱之外，成分特色與(3)醯基磺酸鈉相似。

（7）烷基聚葡萄糖苷 ***

(Alkyl polyglucoside, APGs)

此界面活性劑乃是以天然植物爲原料製造得到，對皮膚及環境沒有任何的毒性或刺激性。清潔力適中，爲新流行的低敏性清潔成分。

目前國內有一支洗碗精使用APGs，價格稍貴，但用過的家庭主婦，不妨與其他配方的洗碗精比較一下，你一定可以從手部的感覺，肯定這一類界面活性劑的溫和無刺激性。國內以APGs爲主要成分的洗面乳仍不多見。

（8）兩性型界面活性劑 **

(Lauryl betaine, Cocoamidopropylbetaine,

Lauramidopropyl betaine)

一般來說，這一類清潔成分的刺激性均低，且起泡性又好，去脂力方面屬於中等。所以，較適宜乾性肌膚或嬰兒清潔製品配方。

以目前清潔市場來說，嬰兒洗髮精用的最多。用在洗面乳中，則經常搭配較強去脂力的界面活性劑使用。

（9）胺基酸系界面活性劑*****

(Acylglutamates, Sodium N-lauryl-l-glutamate, Sodium N-cocoyl-l-glutamate, N-cocoyl glutamic acid, TEA N-cocoyl glutamate, Potassium N-cocoyl glutamate)

胺基酸系的界面活性劑，乃採天然成分爲原料製造而得。成分本身可調爲弱酸性，所以對皮膚的刺激性很小，親膚性又特別好。

是目前高級洗面乳清潔成分的主流，價格也較爲昂貴。長期使用，可以不需掛慮對皮膚有傷害。

除了上述界面活性劑之外，還有部分溫和、低刺激性、中度去脂力者也經常被應用，均稱得上是較好的清潔成分。筆者整理列出如下：

**Imidazoline

**Acyl amphoglycinate

**Alkyl aminopropinic acids(Sodium lauriminodipropinate, Sodium-β-iminodipropinate)

**Alkyl amphoacetate acids(Sodium cocoamphoace-tate, Disodium cocoamphodiacetate)

此外，市面上還有皂化與合成界面活性劑，合併作爲清潔成分的洗面乳配方。這種洗面乳

的清潔效果、洗後的感覺,都傾向於皂化配方。而副作用、刺激性也較近似皂化配方。

皂化配方洗面乳

1.基本成分:脂肪酸與鹼劑共製而成。

2.產品特性:鹼性、pH約8.5~9.5、去脂力佳。

3.適用對象:健康、偏油性肌膚。

4.忌用對象:過敏膚質、青春痘化膿膚質、對鹼性過敏者。

合成配方洗面乳

1.基本成分:界面活性劑

2.產品特性:隨界面活性劑種類而異

3.關懷小語:不論何種膚質,選擇優良無刺激的洗淨成分,才能永保肌膚的健康美麗。不做白老鼠。先選擇好產品,再試用這些好產品。

單元 5

含果酸洗臉製品剖析

　　含果酸成分的化妝品，已流行一段時日。雖不能說果酸是改善粗糙膚質的萬能仙丹，但果酸確實改寫了過去只能靠磨砂膏對付粗糙皮膚的歷史。

　　果酸被捧紅了，所以任何化妝品都開始加入果酸。一般人對果酸的作用，都是透過報章雜誌的介紹來認識。但這些功效，必須是在確保果酸活性存在的情形下，才算有意義。如果所加入的果酸沒有活性，那就談不上任何果酸的作用了。

　　筆者在這裡，姑且不予置評果酸入各種產品中的功效為何。先簡單地針對：果酸入洗臉產品配方中，是否具有實質價值來說明。

　　洗臉與肌膚接觸的時間是短暫的。因此，洗面乳中含有的果酸與皮膚作用的時間也將很有限。

　　在有限的時間裡，果酸能做什麼？你可能

猜：去角質。是的，只有最表淺層的角質層，可以在短時間讓果酸發揮作用。

所以，含果酸的洗面乳，確實可以有效地溶解老化角質，使肌膚觸感柔滑有光澤。

至於坊間專櫃所言：「果酸可以去除皺紋、促進眞皮層細胞合成」等效用，在洗臉的階段是達不到的。

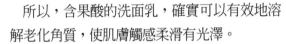

聲稱含有果酸的洗面乳
不見得具有果酸的功效

接下來的問題是：含果酸的洗面乳，就一定具有去角質的效果嗎？相信讀者也搞不清楚，因爲有些聲稱含果酸的製品，用了也是無效。

其實最主要的關鍵：除了濃度可能太低之外，「酸鹼值」是最大的癥結。

果酸必須在偏酸性的環境下，才能發揮作用。這發揮效用最佳的酸度是pH3~4。酸度越是不夠，效果越差。

所以，對於那些皂化配方的洗面乳，或者必須調節在鹼性下，才具清潔功效的界面活性劑配方，若也因應流行而添加入果酸，自然難有合理的成效。

關於這種配方上的衝突，絕大多數是不成熟

的製造廠才會犯的錯。而這類配方上出了錯的製品，卻能在市面上發現。

所以讀者最好自己過濾手中的產品。依單元4中所提，指的就是皂化配方及SLS、SLES、MAP等界面活性劑，不宜與果酸一起配方。

❀ 中性果酸效果差

有讀者問到：「中性果酸的效果如何？」

什麼是中性果酸？就是將原本酸性的果酸，用鹼劑中和成中性。例如：乳酸，加入氫氧化鈉後，可以變成中性的乳酸鈉。

而事實上，乳酸鈉已不復存在乳酸的性質，而成為簡單的保濕成分。這道理對所有的果酸都是一樣的。即中和成中性，就沒有溶化角質的效果了。

❀ 選擇果酸洗面乳該注意的事

什麼膚質的人，適合使用果酸洗面乳呢？答案是：膚況健康的人。

不論是油性或乾性肌膚，都有可能存在角質粗糙、代謝不佳的問題。使用果酸洗臉，可以有效地降低角質細胞間的黏結力，使老舊的角質順利脫落。因此果酸使用一段時間，肌膚會顯得較為光滑。

使用果酸洗臉要注意的是：盡量選擇品質佳且弱酸性的界面活性劑搭配，例如胺基酸系界面活性劑等。

因為角質變薄之後，皮膚會顯得敏感，且保護能力下降。這時候清潔成分本身若具有刺激性，則在洗臉時，皮膚就會有刺痛現象。

角質變薄，洗面乳中的界面活性劑及其他添加的防腐劑、香料等物質，極容易滲透入皮膚細胞膜，引起皮膚方面的病變。

因而，當皮膚感覺有刺痛現象時，就應暫時停止使用果酸類洗面乳。

或許你還是掌握不到停用的時機。筆者再提示你：時機就在你洗完臉，拍打化妝水或擦乳液時，皮膚若覺得有刺痛感，那就表示角質層已經太薄了，必須要停止再使用。

而對於敏感型肌膚者而言，果酸這一類有立即刺激性的成分，最好敬而遠之。

一般來說，敏感型肌膚者，就算剛使用時沒有刺激現象，數日之後，角質稍微變薄時，紅疹、搔癢現象便會隨後發生。而經常被刺激，過敏現象就會越發嚴重。所以建議不要使用。

❀ 不同果酸，效果大同小異

如果你使用果酸不會過敏，也對效果滿意的人，那麼你一定想瞭解：哪一種果酸最好、最安全？

果酸雖有好多種，但對於洗臉製品，用哪一種果酸，其效果差異並不大。誠如前面所提：洗臉與皮膚接觸的時間是短暫的，所以不必期望果酸能有深度滲透的效果。

而就淺層的代謝老化角質效果而言，不同果酸其實也都差不多。所以讀者不必花心思去比較洗臉產品的果酸種類。

果酸洗面乳

1.選用要點：不含皂配方、不含SLS及SLES清潔成分。酸性配方為宜。

2.適用對象：膚況健康者。

3.忌用對象：敏感型肌膚。

4.關懷小語：過度去角質會降低皮膚的防禦功能，所以使用時間要適可而止，讓肌膚休息一下。

單元6

含美白成分洗臉製品剖析

❀ **真的可以洗出白皙無瑕的肌膚嗎**？

在眾多洗面乳中，美白洗面乳是一般女性朋友的最愛。

當然這種偏愛，是因為對「美白」有特別的期待造成的。所以產品的功效訴求必然是：「能讓使用者，獲得白皙無瑕的肌膚」。

對洗面乳而言，這可能性究竟有多大呢？

首先，讓我們一起來確認：黑色素存在皮膚的哪裡？再思考洗臉時，所添加的成分，可否達到美白的作用。

「黑」有很多種。有先天性色斑，例如黑斑、雀斑、痣等；有後天性色斑，例如曬斑、肝斑等。

先天性斑的色素，沈澱於皮膚的較裡層，往往到達真皮層。一般無法經由皮膚角質新陳代謝的方法，加以去除或淡化。

後天性斑的色素，沈澱於皮膚的表皮層。有

【第一篇】臉部清潔用品

0
2
9

機會因使用美白成分，或者是經由皮膚角質的代謝，來去除或淡化。

化妝品所能作用的色素，主要爲後天性斑。

後天性斑，尤其是因爲紫外線引起的曬黑肌膚，最爲容易經由適當的護理回復白皙。

能夠明顯白回來的原因是：後天性的黑色素，是在較表淺的基底層製造產生的緣故。而表皮層的皮膚，會在28天左右，自然地由基底層，推向角質層代謝脫落。

所以，即使你不用任何手段進行美白，只要躲著太陽，約莫一個月，皮膚就會恢復原來的白皙狀態。

換句話說，你用的美白洗面乳，如果需要使用到一個月才看得到效果，那麼可能是你自己白回來，而不是產品的功勞。

❀ 果酸可以美白？

美白成分添加在洗臉產品中，能作用到皮膚的哪一層次呢？

舉個例子好了。如果拿果酸對皮膚的作用方式來比較，美白成分的作用模式，與果酸是大不同。

果酸只要接觸、濕潤到皮膚的角質層，就可

以發揮去角質的效用。美白成分則必須滯留到皮膚的基底層，也就是黑色素的發源地，才有機會進行美白的作用。

❋ 美白對皮膚安全嗎？

究竟要如何美白？美白成分對皮膚的健康有無負面影響？

美白成分大多數是執行「阻止酵素活化」的工作，即阻止黑色素生成。所以，必須有相當濃度的美白成分，留守在皮膚裡才能進行。

很遺憾的，洗臉這個動作，沒有辦法同時將臉上不要的髒東西洗掉，又能選擇性地留下美白成分在臉上。

或者這樣說會更實在：所有添加在洗面乳中的水溶性成分，都無法有效地在洗完臉後留在臉上。

❋ 美白的方式不同，安全性就不一樣

還有一種美白方式是「漂白」已經形成的黑色素。

這一類成分，只要接觸皮膚的時間稍長一些，其效果是看得見的。譬如以敷臉的方式來進行美白即是。

以洗臉過程來說，因時間太短，所以無法得

到滿意漂白的效果。

另外一種美白是「破壞」已經形成的黑色素。

但達到有效的作用時間需更長，且對皮膚的傷害、刺激等副作用也多，所以很少加在洗面乳中使用。

總而言之，想用洗臉來美白，是不能寄予太大期望的。

假如洗臉無法達到美白效果，那是不是代表：所有標榜具美白效用的洗面乳都是騙人的？

這個疑問，筆者不便作答。我想，只有經年累月捧場美白洗面乳的人最能瞭解。

其實絕大多數的廠商，針對美白，都是以配套的方式來推出產品。例如所謂的「美白系列」，從洗面乳、化妝水、日霜、晚霜、精華液等等，一起搭配推出。而習慣購買配套產品的人，根本不清楚，真正達成美白效果的是哪一瓶的功勞。

讀者可能會發現：使用含果酸的洗面乳也聲稱能夠變白。

這倒是不爭的事實。因為果酸加速了老舊角

質的脫落，使表皮層新陳代謝的速度加快，自然可以看到白皙的肌膚。

❀ 哪些色素是美白產品去除不了的？

但是如果你要寄望果酸去淡化臉上的黑斑、雀斑，那就有些強果酸所難了。

前面曾提到過的：只有表淺層的色素，才有辦法經由美白產品淡化。果酸，主要是幫助表淺層色素的代謝，而非漂白黑色素，當然對黑斑、雀斑難有成效。

也因此，一般日曬所引起的皮膚黝黑，使用果酸的效果就會不錯。

美白洗面乳

1.使用須知：任何美白成分以洗面乳形式使用，效果有限。

2.美白成分：維生素C、果酸較為有效。

3.關懷小語：少曬自然白。多吃維生素C，搭配美白霜使用效果佳。黑斑、雀斑要找醫生除斑，擦化妝品徒勞無功，只要再暴露於陽光下又會生成。

單元7

含抗痘成分洗臉製品剖析

🌸 面皰面皰幾時休？

面皰或稱青春痘，是年輕人最為頭痛的問題。

隨著化妝人口的增加，臉部的清潔不當、化妝品的錯用，讓現代人一直為面皰所苦。讀者不難發現：現代人長面皰的年資不斷地爬升。面皰的夢魘，從15、16歲青春期開始，一直到40歲都還無法擺脫。

年輕時好發青春痘，可以懷疑是體質、遺傳或賀爾蒙失調等複雜因素引起。所以可能又吃又擦的，都無法有效控制。

但是過了青春少年期，還經常冒痘痘的話，就該好好檢討一下是否夾雜著人為因素了。

所謂人為因素主要是指：臉部清潔不完全、化妝品使用不當、皮膚遭受痤瘡桿菌感染等情況。

🌸 用對洗面乳，可以緩和面皰現象

面皰型肌膚者都知道：臉部的清潔工作很重

要。

　但讀者必須先知道：面皰理療效用的洗面乳，主要的功能，也只是「治標而不治本」的。

　人為因素所引發的面皰，較容易用外洗的方式去控制、改善。而內生性的因素，如體質、賀爾蒙失衡所造成的面皰，化妝品是無法介入的。

　也因為洗面乳的成效只能治標，所以大部分面皰型肌膚者，都埋怨找不到好產品可以解決煩惱。洗了不是看不到效果，要不就是乾燥、脫屑，好了又長，反反覆覆，十分困擾。

　就算只能治標，對滿臉粉刺、面皰的人來說，能稍微改善一下面子問題也是值得的。所以，至今面皰專用洗面乳仍非常熱門。

　但是，根據筆者對20歲左右的學生，所做的調查發現：九成五以上的人，不清楚自己的面皰型態，弄不清該選擇含什麼樣成分的洗臉產品才會有效。

　換言之，雖不間斷地使用面皰洗面乳，但都是買來試試再說。

　抗痘洗面乳的抗痘成分有很多種類，不同牌子間所用的成分也互有異同。

　有的人雖換了牌子，但其所含的有效成分，

仍然和前一瓶相同，所得到的效果，自然和以前一樣。

❀ 選用第一招，先瞭解面皰狀況

每個人臉上的面皰症狀並不相同，不假思索地拿來就洗，就難有絕對的成效。有時候甚至會讓皮膚承受不必要的負擔。

所以，假如你要選擇抗痘洗面乳，就必須先瞭解自己的面皰狀況，做最正確的選用。否則就用一般的洗面乳來洗臉，反而對皮膚有保障。

以下針對可以作為洗臉配方中的抗痘成分做介紹，讀者只要留心閱覽所用的抗痘洗面乳，就可以找到真正適合你的面皰理療成分了。

❀ 抗痘成分好壞看這裡

（1）三氯沙

(Triclosan)，別名Irgasan DP-300

典型的代表商品為：老牌的菲蘇德美抗痘洗面乳。

三氯沙，是一種含氯結構的化學物質。主要的應用是作為殺菌劑。

一般有效的用量是0.1%。所幸對動物無毒性報導，所以被廣泛地使用在藥皂、沐浴乳、洗

碗精中，作為除臭、殺菌成分。

　　當三氯沙作為抗痘成分時，其殺菌作用主要是針對臉部毛孔中所寄生的面皰桿菌。也就是說，因為細菌性感染所造成的面皰才看得到效果。

　　所以，這一類成分，預防比治療的意義大。

　　如果臉上的面皰，已經紅腫甚至化膿了。那麼使用三氯沙的時機就太晚了，也就是看不到積極的效果。因為這時候，最重要的功課是：治好這些化膿的部位。

　　總而言之，三氯沙對已經形成的面皰，基本上沒有治療效果或使患處乾燥脫落的功效，它只能緩和面皰繼續惡化。

　　所以化膿型面皰的人，用了還是不見成效。

　　它的理療效果，主要是預防面皰生成用的。優點是：使用期間膚質較無負面影響，不致有乾燥、緊繃或角質脫屑的現象。

　　此外，三氯沙具有苦味，所以洗臉時嘴角會有苦苦的感覺，這也是簡易判斷的方法。

（2）水楊酸

　　(Salicylic acid)，又稱B-柔膚酸，柳酸

　　水楊酸屬於脫皮劑，效用則類似果酸。但水

楊酸對細胞壁的滲透能力，強於一般果酸，因而可以迅速地讓化膿的傷口，結痂、乾燥並脫落。

經文獻資料顯示：長期使用水楊酸或使用濃度過高的水楊酸，都可能引發皮膚病變。

對於這一點，洗面乳是無須掛慮的。理由很簡單，與皮膚接觸的時間短，不會有進一步滲透的危險。

水楊酸對於已化膿的嚴重型面皰，有快速治療的效果。所謂快速治療是指：患處乾燥脫皮。

不過，水楊酸的特點也成為其缺點。那就是使用期間，皮膚往往有過度乾燥、緊繃的現象。

這對於一些乾性膚質者來說，是極其困擾的一件事。

乾性皮膚若要使用含水楊酸的洗面乳，要有臉部會更加乾燥的心理準備。

除了治痘之外，水楊酸具有果酸的行為模式，所以對肌膚老化及角質的更新有一定的功效，這是一大優點。

（3）硫磺劑

(Sulfur)

含硫磺成分的製品，有淡淡的硫磺粉味道，

就是溫泉的那種味道。

硫磺對化膿性的面皰，具有乾燥及脫皮的功效。使用期間所引起的現象與水楊酸相似，就是皮膚會有過於乾燥的不適感。

假如臉上的面皰只在粉刺階段，使用硫磺是沒有什麼效果的。

一般來說，硫磺主要是乾燥化膿傷口用的，本身並無護膚功效。所以，臉上無任何症狀時不要使用，以免膚質變差。

（4）過氧化苯醯

(Benzoyl peroxide)

過氧化苯醯，本身具有殺菌及溶解角質的雙重功效。化妝品及醫藥上，都經常拿來作為青春痘的治療劑。

因為具殺菌功效，所以對於丘疹、發炎紅腫的面皰具有治療效果。又具溶解角質的功用，所以對於已經形成的粉刺，像白頭粉刺的改善也會有效。

對抗粉刺必須要有耐性，化妝品上說的有效，時間上約要經過十天半個月的，尤其是粉刺，大約三個禮拜才會改善。

使用含過氧化苯醯的製品時，也會有輕微的

乾燥及脫皮現象。部分人對此成分會有過敏反應，症狀是引發原來的發炎、紅腫更加擴散，甚至起水泡。所以使用時，要留意皮膚的變化，有不適情形則停止使用。

同樣的，過氧化苯醯屬於治療劑，在皮膚無面皰症狀時，不宜視為預防面皰的產品而長期使用。

（5）維生素A酸

(Vitamin A acid; Retinoic acid; Retin-A)

維生素A酸，是現今保養化妝品中，炙手可熱的抗老化成分。事實上，此成分在醫療上，作為面皰治療成分已行之多年。

維生素A酸，對皮膚具有極佳的滲透能力，能侵入毛囊壁溶解角化的細胞。所以對付早期無發炎、囊腫現象的黑頭粉刺，效果極佳。

黑頭粉刺形成的外在因素是：代謝的皮脂未適時清除，結塊於毛囊中造成的。維生素A酸能順利地滲入毛孔內，執行溶解角質的工作，所以使用一段時日之後，有助於沈積的塊狀皮脂排出毛孔外。

雖然只是黑頭粉刺，還是得使用3~5個星期，黑頭粉刺才會明顯減少。3個月左右可以

完全除去。

這期間最好配合敷臉及蒸汽蒸臉等護理，使毛孔張開，皮脂、角質軟化，幫助代謝，效果才會快些。

維生素A酸對皮膚具有刺激性，所以發炎、化膿的皮膚不宜使用。又因為成分本身屬於油溶性物質，所以添加在洗面乳中所能發揮的效果不是很大，這一點讀者要有所認知。

使用維生素A酸製品，是忌陽光的。而這種禁忌通常在使用面霜類較會碰到，所以使用與臉部接觸時間較長的保養品時，尤須留意。

（6）茶樹精油

(Tea tree essential oil)

精油應用於化妝品配方，是近幾年才開始流行的事。茶樹精油，對一般的細菌、黴菌、酵母菌的滅菌力極強。因為屬於天然萃取成分，所以安全性佳。

殺菌性的成分，預防效果勝於治療效果。因為與三氯沙同屬於殺菌劑，所以處理的效果類似。

基本上，化膿的面皰，必須先予殺菌處理，

患處才不會再蔓延擴張。茶樹精油可以提供這樣的協助，即預防面皰繼續發生，並控制已化膿的部位再惡化。

但茶樹精油並沒有使患處乾燥或使患處角質剝落的功效，這一點讀者必須有所認識。

茶樹精油因屬油溶性成分，所以加入洗面乳中的效果如何，仍有待評估。但其安全性是可以放心的，長期使用不會有皮膚負擔的顧慮。

（7）雷索辛

(Resorcin)，學名間苯二酚

雷索辛是典型的化學成分，應用於面皰肌膚主要作為治療劑。換言之，並不適合拿來作為預防用。

雷索辛有剝離角質、殺菌的功效，常與硫磺劑搭配使用。

單就效果來說，這一類藥用成分，效果明確、快速。但就對皮膚安全性來考量，這是為了治療化膿性面皰不得已的手段，不能視之為至寶或經年累月使用。

有痘治痘，無痘可防痘的觀念，並不可取。外用的治療劑，不似飲食理療，需謹慎為之。

面皰型肌膚者，尤其是發炎及化膿型的肌膚，因為患處有傷口，所以皮膚狀況都處在敏感狀態，極容易因不當處置或者接觸髒空氣、不乾淨的物件等，而讓發炎化膿情況更加嚴重。

因此，如果不得已仍必須上妝，應特別小心化妝品的成分，以及使用工具的清潔。

而對於洗面乳的品質要求，除了找到適當的面皰理療成分之外，更要注意所使用的清潔成分。

據筆者所蒐集的資料發現：抗痘洗面乳的清潔成分，似乎傾向於喜愛使用SLS(Sodium lauryl sulfate)來配方。

也就是抗痘洗面乳，有過於注重去脂力而忽略了長期安全性的配方考量。

有關於SLS的詳細說明，請讀者翻閱單元4的界面活性劑優缺點介紹。

雖然面皰肌膚偏油性，有徹底清潔的需要，但當皮膚上有傷口時，使用SLS來洗臉並不恰當。

最後要提醒的是：面皰光用洗的，效果很有限。讀者不能夠對抗痘洗面乳期待過高。應把治療面皰的方式，分兩步驟完成。第一步，充

分清潔臉部；第二步，擦含抗痘成分的理療產品。

抗痘洗面乳

1. 使用須知：配合面皰及膚質選擇適合的成分才會有效。

2. 適用成分：黑頭粉刺——維生素A酸、水楊酸。

   白頭粉刺——維生素A酸、水楊酸、過氧化苯醯。

   丘疹、發炎——三氯沙、茶樹精油、過氧化醯。

   膿皰紅腫——過氧化苯醯、三氯沙、茶樹精油、硫磺劑、雷索辛。

3. 忌用成分：膿皰紅腫——維生素A酸、SLS、含皂洗面乳。

4. 建議用法：無面皰時，預防用三氯沙、茶樹精油、水楊酸。

   有面皰時，依症狀選擇維生素A酸、水楊酸、過氧化苯醯。

5. 關懷小語：保持毛孔代謝順暢，是預防面皰的最佳方法。不用過油的保養品、非必要不擦抑制油脂分泌的化妝水、上妝時間不宜過久、充分卸妝、多洗臉、常敷臉。

單元 8

含保濕成分洗臉製品剖析

以「保濕」為產品銷售訴求的洗面乳，也廣受一般消費大眾所喜愛。

市面上的洗面乳，不管強調的是哪一種理療功效，都必然再強調含有保濕成分在其中。足見得一般人對保濕的需求有多殷切了。

除了炎熱的夏季，一般膚質洗完臉，若不擦點化妝水或乳液之類的保養品，都會覺得皮膚有緊繃乾燥的情形。

也因此，大家都覺得皮膚很缺水，需要加強保濕。又特別覺得洗面乳應該有保濕功效，才能充分保護肌膚。

皮膚緊繃乾燥，是因為沒有皮脂膜保護的緣故。所以，擦上含油脂的保養品，這種感覺就會立刻改善。而擦化妝水也能舒緩這種乾燥感，而且沒有油膩負擔。這是因為化妝水中含有保濕成分是水溶性的緣故。不過，真到了寒冷的季節，只擦化妝水，就沒有辦法長時間維

持皮膚表面的濕度，不一會兒臉還是會顯得乾燥。

❀ 保濕洗面乳，保濕效果差

大家把「保濕洗面乳」的功用，想像成洗臉與化妝水結合而成的產品，果真如此嗎？

在製造上，確實是將保濕成分加入洗面乳中。但是，功效並不等於洗臉又保濕喔！。

保濕洗面乳的保濕效果有限，相信用過這一類產品的讀者都能明瞭。

因為清潔這個步驟，會把所有臉上的髒污及洗面乳中的其他成分全部沖洗掉，保濕劑自然也不例外。所以雖然加了保濕劑在裡面，仍舊發揮不了任何保濕功效。

什麼是保濕劑成分？簡單地說，有油性保濕劑與水性保濕劑兩類。油性保濕劑就是油脂、高級醇、酯、蠟類等。即乳液中的油脂成分，擦在臉上可以形成一層人工皮脂保護膜，讓皮膚角質的水分不至於散失。

水性保濕劑則是水溶性的，像是甘油、山梨糖醇、醣醛酸、膠原蛋白、天然保濕因子(PCA)等。水性保濕劑的作用，是在增加角質層的水合能力，所以本身具有吸水性，可以將

水分保留在角質一段時間。

　　但是，當氣候涼冷，空氣濕度降低時，皮脂膜形成的速度較慢，只有水性的保濕劑，就無法達到保濕的功效。這也就是冬天的時候，光擦化妝水，皮膚一會兒就又乾燥不舒服的原因。

✿ 不論哪一種保濕成分，效果都有限

　　也許你要問：哪一種保濕成分，加在洗面乳中，較具有保濕效果？

　　這一點可能會讓你大失所望。因為只要是水性保濕劑，幾乎效果都不好。

　　所以，花較高昂的價格，購買含有高級保濕成分的洗面乳，事實上買不到高保濕效果。

　　筆者建議你：不要浪費太多錢，買附加效果很多的洗面乳。洗臉產品的選擇重點，是洗淨成分是否能溫和不傷肌膚的發揮清潔功效。

　　當然，讀者仍有權利知道各種保濕成分的性質及優缺點。筆者將在〈第三篇‧單元4保養用敷臉製品〉，以及〈第四篇‧單元15高效保濕保養品〉，兩個單元中，剖析保濕成分的性質。

保濕洗面乳

1. 使用須知：含親水性保濕洗面乳保濕效果有限，含親油性保濕成分者無法充分發揮洗淨功效。

2. 關懷小語：洗臉與保濕，分步完成效果佳。不要被廣告給矇騙，洗面乳中保濕成分加得再多也無保濕效果。

單元9

純植物性洗臉製品剖析

以植物性配方作為產品特色的化妝品，目前
正大行其道。一般人對植物性配方的高度評
價，實在是出自於對自然成分的信賴。植物配
方，是否值得大眾如此高度的肯定呢？

筆者先打個比方好了。新鮮的蔬果是植物，
曬乾的蔬果也是植物，但兩者的營養成分已相
去甚遠。又即便是新鮮蔬果，不同的烹調處理
方式，都會影響其營養價值。

化妝品所稱的「萃取自植物精華」，一般消
費者無從得知其萃取的方法、新鮮度以及活性
成分的實際含有量。所以即使加入了相同名稱
的植物成分，其使用效果也會有相當的差異。

🌺 植物配方不等於安全無刺激

植物配方的意思有兩種：一種是在配方中加
入植物萃取成分；另一種是標榜配方中所有的
成分都是植物性的，或取源自植物。事實上，
第一種很常見，而第二種很難辦到。

第一種情形，就像果酸、美白、面皰等理療成分一樣，是另外添加入洗面乳中的。所以，廠商可以各自標榜不同的功效，以所加入的植物萃取成分之不同，作為廣告賣點。

第二種情形，據筆者所蒐集的資料發現：**絕大多數所謂的純植物性配方，都有不實的情形。**

例如：以皂化配方的洗面乳來說，主要的清潔成分是椰子油製造，就宣稱為植物配方。這是不合理的。

因為椰子油必須加入強鹼一起反應，才能皂化成洗面乳。這強鹼不是植物。另外，所使用的色料、香料、防腐劑、保濕劑等配合成分，無法完全取自植物。值得注意的是：這些搭配的成分，通常就是造成過敏、刺激等現象的罪魁禍首呢！

所以，標榜純植物性配方，必須詳加審視其說明，不要輕信其言。

如果將植物配方，設定在第一種情形，就是加入植物萃取成分。那麼，所加入的植物萃取，真的有所宣稱的功效嗎？

真要讓讀者一一去瞭解各種植物萃取的功效，那真是很折騰人的一件事。以目前經常被

選用入配方中的植物萃取液，保守估計也有數百種之多。而每年都有新的植物萃取，被開發出來利用。

所以建議讀者，不需要花費時間逐一去解讀。你應該具備的觀念是：對植物萃取液整體的概念。

🌸 植物配方的真正價值何在？

植物萃取液加入洗面乳中的價值是：緩和界面活性劑的刺激性用的。當然植物萃取液的基本功效還有保濕，只不過在洗面乳中，這個效果根本看不見。

為了緩和清潔成分，對皮膚過度的去脂力及刺激性，通常所加入的植物萃取液，為具有抗發炎、抗過敏、鎮痛等效用者。例如蘆薈(Aloe)、甘菊(Chamomile)、金縷梅(Witch hazel)、甘草(Licorice root)、鼠尾草(Sage)等。

🌸 純植物配方不等於高品質

而如果你所購買的洗面乳，真的是百分之百的純植物配方，那麼其品質又如何呢？

洗臉產品的重點，是要能溫和無刺激的把臉洗淨。在此原則下選擇產品，事實上不需拘泥於是否為植物性成分。

筆者對純植物性配方的見解是：將它視爲低敏性洗面乳看待即可。而如果純植物性洗面乳，卻是皂化配方的話，那麼因爲配方成鹼性的緣故，恐怕過敏性膚質者也不宜使用。

植物性洗面乳

1. 使用須知：含植物萃取成分可降低刺激性。純植物配方，不等於優良洗面乳。特別注意主清潔成分是否為鹼性皂化配方。

2. 關懷小語：溫和無刺激且洗得乾淨，才是洗面乳選用的最高指導原則，植物與否，並不重要。

單元 10

含抗敏成分洗臉製品剖析

　　現代的化妝品，特別喜愛強調低敏性或通過敏感性測試。有些消費者，潛意識裡確實也認爲：使用低敏性洗面乳，可以避免皮膚起過敏等現象。這個觀念用在洗臉產品裡是對的，但用在其他保養品中就有待商榷。

❀ 對低敏配方應有的認知

　　洗臉的目的，是爲了清除臉上的髒污。所以要掌握「只要清潔，不要傷害」的選用原則。所有與皮膚做短暫接觸的成分，都不可以因爲要方便強力去污而傷及皮膚。所以，選用低敏性洗面乳，對皮膚來說確實是種保障。

　　至於保養性的面霜，因爲牽涉到營養理療成分的性質，解說較爲繁複。基本上，有些活性成分，對敏感膚質的人而言，仍會造成刺激，但對一般健康的皮膚，則是有正面價值的。

　　針對敏感性肌膚所設計的低敏性保養品，往往捨棄諸多的活性成分。所以，並不完全符合

於一般膚質者的需求。

✿ 低敏洗面乳的要件

究竟要有什麼樣的條件，才能算是低敏性的洗面乳呢？順著每一個單元次序閱覽的讀者，當然不會再相信包裝上貼有「低敏性」的產品，就是抗敏洗面乳了。

首先，還是要先確認配方。抗敏或低敏性洗面乳的配方主角，仍舊是界面活性劑。所以，假設廠商真的添加了很多的抗敏成分，但卻使用SLS或SLES或皂化配方，那麼整支產品的抗敏意義就蕩然無存了。

因此，選購抗敏洗面乳，應先選擇清潔成分。例如胺基酸系界面活性劑等。

再來是察看所添加的抗敏成分。有些廠家，將植物萃取成分都解讀為抗敏成分，這是牽強附會。化妝品中可用於洗面乳中的抗敏成分說明如下。

✿ 抗敏成分看這裡

（1）甘菊藍

(Azulene)

甘菊藍是由母菊及歐蓍草香精油中提煉而

得。具有緩和的效用。對於敏感或起紅疹的肌膚可給予舒緩的功效。

（2）甜沒藥

(Bisabolol)

由洋甘菊萃取中取得的成分，具抗菌性，與甘菊藍同具有抗發的功效。

（3）洋甘菊

(Chamomile)

含有甘菊藍及甜沒藥。具優良的抗刺激效果，為目前低敏性製品及嬰兒用保養品最常選擇添加的成分。

（4）尿囊素

(Allantion)

尿囊素是合成物質。具有激發細胞健康生長的能力，所以對於起紅斑現象等皮膚傷害，具有促進傷口癒合的功效。

（5）甘草精

(Licorice, Glycyrrhiza)

　　甘草萃取成分具有解毒及抗發炎的功效，入於配方中除了可緩和皮膚刺激之外，還具有協助美白的功效。

低敏性洗面乳

1.產品特性：使用優良無刺激性之界面活性劑，並搭配抗敏成分而成。

2.抗敏成分：甘菊藍、甜沒藥、洋甘菊、尿囊素、甘草精。

3.適用膚質：所有膚質。

4.關懷小語：抗敏洗面乳的抗敏成分具有護膚價值。若能搭配胺基酸系界面活性劑，那將是最完美的組合。用一輩子，膚質永保健康美麗。

單元 11

含收斂毛孔成分洗臉製品剖析

如果你是那種「毛孔粗大」，或者嚮往像廣告般，有朝一日，可以把相片放大到50倍的讀者，那麼一定急切地想從本單元中，找到你尋覓多時，具有毛孔收斂效果的洗面乳。但真的很抱歉，想靠著洗臉縮小毛孔，美夢難成真。

❀ 收縮毛孔？別太樂觀

其實，所有標榜可以縮小毛孔的製品，大部分都只是瞬間的效果，甚且是使用者自己的心理直覺而已。

或許你想到電視上的那則廣告：「毛孔真的不見了」，讓你的心蠢蠢欲動想去嘗試新的產品。在使用前你最好得先有個心理準備：效果可能沒那麼好。

縮小毛孔，是違反自然皮膚生理的要求，靠外力根本無法達成。也許換個方式說，比較能被讀者接受：毛孔粗大，只要勤加清潔，是可以改善外觀的。

毛孔做什麼用？除了長出毛髮之外，皮脂腺的皮脂、毛囊內的角質、汗水等代謝物，都要經由毛孔排泄到皮膚表面來。

而當代謝無法正常運作時，往往造成皮脂固化，阻塞毛孔，甚且引發粉刺、面皰的生成。久而久之，毛孔粗大、膚色晦暗、膚質顯得粗糙。

毛孔阻塞久了，若仍不給予適當的清理，外觀上毛孔粗大只會越來越明顯。

✿ 毛孔粗大，勤洗臉可以改善

此外，對於有化妝習慣的人，毛孔粗大也會越來越明顯。因為粉底、蜜粉等粉製品，長時間地覆蓋在臉上，直接阻礙了毛孔皮脂流通的管道，當然也會使毛孔，因經久填塞住污垢而越來越大。

所以，卸妝、洗臉這兩件護膚大事，最是馬虎不得。經常做清潔敷臉，為毛孔大掃除，也是非常重要的。

也許你會認為：在洗完臉或敷完臉後，真的覺得毛孔縮小了。真正的原因是：因為你剛剛把夾藏在毛孔中的垃圾清除掉，毛孔乾淨，看起來透明度、清爽性及質感都較好的緣故。

所以，不要太過於依賴所使用的收斂產品，事實上效果不大。你能做的是：保有良好的清潔習慣，避免毛孔日益粗大。

你應該還是要質疑，化妝品中所稱的毛孔收斂劑，又是什麼功效呢？

化妝品是有一些收斂劑可用，特別是應用在化妝水的配方中。

收斂成分不值得推崇

收斂劑主要的作用，是凝結皮膚表層的角質蛋白，使毛孔產生瞬間收縮的現象。使皮脂在短時間內無從排出，達到抑制皮脂分泌的效果。

然而老實說，筆者並不支持用這種方式去對付寶貝的肌膚。這種作法違反皮膚健康原則。偏酸性的收斂劑，長期接觸皮膚，對皮膚也不好。

雖然沒有可以真正縮小毛孔的成分，但仍有些成分廣被利用於收斂毛孔配方中。以下簡單介紹其縮小毛孔的作用及性質。

❀ 毛孔收斂成分看這裡

（1）水楊酸

(Salicylic acid)

在抗痘洗面乳中提到水楊酸，可以滲入細胞壁，溶解角質。因此，水楊酸可以在洗臉的過程中，濕潤毛孔壁，進行角質溶解。如此，硬化的皮脂及污垢，對毛孔壁的附著力就能大為降低，代謝上較為順暢，毛孔堆積皮脂的情況若改善，自然不顯粗大。

水楊酸的使用，加入洗面乳中的效果較為緩慢，但相對的副作用也會較為緩和。為避免不必要的刺激，還是有必要避開與SLS及SLES的界面活性劑一起配方。

（2）酵素

(Enzyme)

酵素的作用具有專一性，有脂質分解酵素、角質分解酵素及蛋白分解酵素等。用在洗臉製品中的酵素，主要的為角質分解酵素。意即只對皮膚的角質發生溶解作用。

目前化妝品中普遍使用的洗臉酵素配方，亦

為角質分解酵素。

　酵素因為作用緩和，使用時沒有立即的刺激性而大受歡迎，但過度溶解角質後，所可能衍生的現象，其實與果酸差不多。

　所以，為了讓肌膚有良好的觸感，而使角質過薄，也非絕對正確。

　酵素因可溶解角質，所以對老舊皮膚的清潔有一定的功能。但若說酵素可以縮小毛孔，那就有點勉強了。只能說，酵素能輔助皮膚進行角質脫落的清潔功效。

（3）收斂劑

(Astringent)

　作為收斂劑的成分有：氯化鋁(Aluminium chloride)、氯化氫氧化鋁、苯酚磺酸鋅(Zinc phenol sulfonate)及明礬等。

　這些成分的作用是：暫時凝固皮膚上的角質蛋白，使皮脂的分泌受到抑制。

　基本上，這是油性膚質者，為了化妝需要，經常使用收斂水調整肌膚性質的方法。

　這種暫時性的收斂，或許一時間毛孔口有收縮的效果，但長期使用的結果，反而增加皮膚

代謝上的負擔，不但無法改善毛孔，更讓膚質惡化。

另外，植物萃取液中，有些具收斂效果的成分也經常被利用。例如金縷梅(Witch hazel)、蕁麻(Nettle)、麝香草(Thyme)、馬栗樹(Horse chestnut)、鼠尾草(Sage)、繡線菊(Meadowsweet)等。

植物萃取成分效果慢但是安全，入於洗面乳配方時，一般來說，效果不易彰顯。

收斂毛孔洗面乳

1. 產品特性：偏酸性配方，宜注意不與SLS或皂化配方洗面乳一起使用。

2. 收斂成分：水楊酸效果明確，植物萃取成分安全，收斂劑最好少用。

3. 忌用對象：皮膚有傷口或化膿或過敏性膚質者。

4. 關懷小語：經常保持毛孔代謝暢通，是不使毛孔粗大的不二法門。所以，卸妝、洗臉、蒸汽敷臉等例行工作，一定要確實做好。注意喔，含薄荷等清涼劑的洗面乳，只是讓你覺得涼涼的，沒有收斂功效。

卸妝用品

單元 1

卸妝用品面面觀

　　隨著人類文明腳步加速，生活品質提升，外表的妝扮成為生活裡不可或缺的一環。

　　讀者不難感受到：化妝者的年齡層，逐漸下降到十出頭歲的國中生階段。

　　因為化妝人口增加、空氣品質惡化，再加上化妝品製造技術的進步，使得化妝品不脫妝、具高附著力。種種因素，造就了今日的卸妝用品市場。不論是品牌、型態、外觀或功能性，簡直可以用琳瑯滿目來形容。

　　卸妝用品的演變，從早期的卸妝霜、卸妝乳液，多樣化到卸妝凝乳、強效卸妝液、卸妝油，甚至更簡化到卸妝濕巾，強調產品的便利性。

　　時代確實在進步，化妝品製造的花樣，也的確有翻新的能力。但，是否也意味著化妝品的配方，也進步到新、速、實、簡的境界呢？

　　以筆者的專業認知，不認為卸妝製品，有這

麼大的籌碼轉變。

　事實上，新型產品的受青睞，只不過是因爲符合現代人求新求快的心理，所因應推出的。這並不算是什麼配方上的大革新。

🌸 五花八門的卸妝品，功效、安全有差別

　有讀者問到：「用卸妝油、卸妝霜(或卸妝乳液)、卸妝濕巾，哪一種比較好呢？」這個問題無從回答。因爲卸妝品的優劣，並不是以產品的外觀性狀來決定、判斷的。

　舉例來說：同樣稱爲卸妝乳液的製品，因爲所選用製造的原料不同，是會大大地影響其品質的。而這所謂的品質，包括：「卸妝效果」及「對皮膚的安全性」。

　以現代人對卸妝品的要求，不能只停留在具有好的卸妝能力上，還必須考量這些卸妝成分是否會刺激皮膚，對皮膚造成傷害。

　大家都相信，保養肌膚的首要重點是「徹底卸妝」。

　而既然是保養，當然不能刺激皮膚。這道理很容易懂，但找產品時，得費點心思。因爲太強效的卸妝品，通常都潛藏著刺激性的問題。

　讀者最好不要以外觀作判斷，或盡是聽那些

不懂化妝品成分的專櫃小姐、美容師們的建議。

　不懂化妝品成分的銷售員，所能提供的服務，應該是保養的方法及化妝的技巧，而不是如何選擇化妝品的品質。

　以下分幾個單元，介紹各種卸妝品的特性，讀者只要熟讀，再加以參照市面上的產品，相信以後你不會再想草草了事地卸妝了。

如何選擇適合自己的卸妝用品

　　對於需不需要卸妝？該使用哪一種類的卸妝品？有些人總是搞不清楚狀況或隨意選購。

　　你是否也屬於這種拿不定主意，不知道該選擇哪一種產品的人呢？

　　卸妝品，以外觀性狀來看，讀者所能理解的部分是：卸妝霜較為高油度，適合濃妝者使用。而乳液型態者，則較為不油膩。凝(凍)膠類不會有油膩感。卸妝水、卸妝濕巾，既沒有油膩感，卸妝效果又好。

　　對製品的這些認識，只是讓你能掌握使用習慣及必然的觸感。但要說這叫懂卸妝品，其實還談不上。

　　筆者以化妝與否的角度，再考量個人膚質背景差異，來說明選擇卸妝品的基本常識。隨後單元，會針對成分作優缺剖析。

（1）化妝的人選擇卸妝品須知

有化妝習慣的人，一定要使用適當的卸妝品，清潔臉上的粉底、彩妝，不能只用洗面乳隨意洗洗就算了。

塗在臉上的粉底、彩妝，對皮膚有相當程度的附著，不容易以簡單的親水性洗面乳洗乾淨。

附著在臉上的妝，會阻塞毛孔口，造成皮脂代謝上的困難。

因此，徹底清除這些彩妝、粉類製品，才能讓皮脂的分泌及代謝正常。當然這也可避免因為化妝品殘留而長粉刺。

🌸 最好的卸妝是使用卸妝油

而不論你是濃妝或是淡妝，最適合長久使用的卸妝品，是含高油脂比例的卸妝油或卸妝霜。

油脂可以將臉上的彩妝粉製品、油垢、代謝皮脂等污物，帶浮出皮膚表面。

有廣告這麼說：「油性卸妝，還要洗去這層油膩，真是麻煩！」這或許猜中了大多數人的

心意。

你或許也認為：「油性膚質者或面皰性肌膚，臉上所產生的油脂，已經多到可以煎蛋了，根本不適合再使用高油度的卸妝品。」

而不論你是基於懶惰，才使用低油性卸妝品也好，或者是對太油的卸妝方式有所顧慮，才不敢使用也罷。筆者都要改變你的觀念，提醒你：高油度的卸妝方式，對皮膚才是真正的保障。

油脂的清潔方式，單純的是以油對彩妝、皮脂極佳的親和力，讓妝得以完全清除掉。這個過程，只要藉助手指的按摩，就可以順利達成。

低油度的卸妝品，不是卸妝效果不佳，就是還要藉由其他成分的幫忙，才得以清除臉上的彩妝。這清潔過程，可能涉及乳化、溶解、滲透，對皮膚有一定程度的刺激。

❀ 卸妝油不是導致面皰生成的因素

有讀者問到：「使用卸妝油卸妝，洗完臉後，發現臉上瞬間出了更多的油，擔心變成油性肌膚。」

這種擔心是多餘的。因為只有臉上的妝完全

除去，毛孔口恢復暢通，皮脂才得以順利地推向毛孔口，分泌到皮膚表面來。這代表著，經過適當卸妝之後，毛孔中已經沒有固化的皮脂阻塞。

所以，只要長時期有耐心地以這種方法卸妝，可自然地改善毛孔阻塞、皮膚粗糙、膚色暗沈的現象。

另外，以為「使用太油的卸妝品，容易長青春痘。」這個觀念必須修正。

油性膚質或面皰性肌膚者，是不宜使用高油脂比例的保養品，因為臉上已經有很多油脂了，再擦上去，當然會增加皮膚的負擔。

卸妝，是臉部清潔的一個步驟，也就是過程而已。只要把妝清除乾淨，就隨即洗去，並不長時間留在臉上。所以，這一層顧慮是多餘的。

❀ 引發面皰生成的成分在這裡

當然，有人使用油性卸妝品，真的長了痘痘。這其實是成分選擇錯誤的問題。

有這一類困擾的人，在選購卸妝油及卸妝霜時，對成分要多加留意。

有些油脂易引發面皰的生成。這些油脂有：

十四酸異丙酯(Isopropyl myristate, IPM)、十六酸異丙酯(Isopropyl palmitate, IPP)等。這些油脂，其實是人工合成的，稱爲合成酯。

少部分的合成酯具有面皰發生性，所以在沒有把握，會不會造成副作用的情形下，選擇上最好是避開合成酯配方。

🌺 卸妝凝膠效果有待考驗

那麼濃妝者，適不適合使用卸妝凝膠呢？很多凝膠類卸妝製品，都聲稱「卸完妝後，直接用水就可以把臉洗乾淨。」

爲什麼卸妝乳液或卸妝霜，就沒有這種方便性呢？

卸妝、洗臉可以同一瓶辦到，是因爲製品的成分裡，加入了親水性的多元醇以及與洗面乳相同的清潔成分。所以，可以在卸妝後，用水清洗掉。

換句話說，卸妝凝膠，主要的組成是多元醇和界面活性劑。

多元醇的卸妝效果，與油脂相比較必然遜色。這一點，讀者可以自行試驗，使用凝膠卸妝，是否能把口紅部分清除乾淨就知道了。

濃妝很難靠簡單的多元醇清除乾淨。理由很

簡單，多元醇屬於親水性的物質，對油溶性及高附著的粉底製品，是很難經由表面擦拭的方式去除的。

淡妝者，可以依照自己的習慣，搭配性的選擇凝膠類卸妝。

所謂淡妝者，包括只塗抹一層隔離霜或粉底液的人。這種妝，使用的粉質製品量較少，凝膠勉強可以應付。但仍建議，與油性卸妝製品交互使用，這樣才可免於阻塞毛孔。

🌸 強效卸妝水，後遺症多

那麼使用強效的卸妝液或卸妝濕巾又如何？這種產品只要輕輕一擦，臉上的眼影、口紅，都可以輕易地去除。

沒有錯，連最難除的頑垢都可以除去了，剩下的粉底、蜜粉，又有何困難。

但請注意，這可不是在選購洗衣精。那些專門去除強力附著頑垢的清潔劑，不是具強鹼性配方，就是含有刺鼻的有機溶劑味。強效卸妝液所使用的溶劑，只是味道比較淡，你聞不出來罷了。

看似很好用的卸妝液，所含的強解脂力溶劑，溶解掉的不只是臉上的妝，還包括皮膚上

的皮脂膜。

溶劑對皮膚是具有滲透性的。皮脂膜被清除掉，雖可自行再造。但細胞膜中滲入溶劑，長久下來，細胞中毒、無再生能力，防禦功能大大降低，角質層過度角化，代謝不佳，皮膚老化，顯現皺紋。

所以，筆者建議你：不要太懶，急就章地卸妝。願意每天花時間化妝，就該再花三分鐘用油卸妝。強效卸妝液，偶爾用用，不能長期使用。

至於卸妝濕巾，與卸妝液比較，是典型的換湯不換藥。把卸妝液先浸泡到棉片上，換個包裝、名稱，就是卸妝棉啦！

（2）不化妝的人選擇卸妝品須知

不上妝，究竟有無卸妝的必要？需要與否，看法見仁見智，但絕對不是隨興為之。

談到不化妝，不同人的定義與認知就有差距。

有人說：「我不化妝，只擦粉底霜或隔離霜來修飾膚色、防曬並隔絕髒空氣。」有人卻認

爲：「我不化妝，只用化妝水、乳液之類的保養品。」

事實上，前後兩種情形確實不同，前者是必須卸妝的；而後者就眞的可以隨心所欲。

🌺 你眞的沒化妝？

粉底霜或隔離霜，甚至所有含有粉質成分的防曬製品，因爲含有相當的粉體，而且爲了達到抗汗的效果，所以配方上會使用高附著力的成分。

這樣的要件，已經到了必須卸妝的水平了。所以，如果你所說的沒化妝是這樣定義的，那麼就需要卸妝。

單純的使用保養品的人，就沒有必要強制執行卸妝的工作。

保養品配方內容，絕不會刻意添加強附著力的防水、抗汗成分。所以，只要一般的洗臉產品，都可以輕易地洗掉臉上的髒污。

但是，有部分油性膚質者，或是經常往空氣污濁的市區跑的人，可能就有卸妝的必要。

其原因不純粹是清除臉上的髒污，更可以藉助卸妝的程序，把附著於毛孔口的污物，做清除的工作。這樣皮膚的乾淨度，比單獨只用洗

面乳洗臉來得好。

不化妝者，所使用的卸妝品，該如何選擇呢？

若是單純的保養性卸妝，即是為深層清潔皮膚而做的卸妝手續，那麼使用低油度的卸妝乳液或凝膠即可。

若是擦隔離霜等情形，則最好還是偶爾以油卸妝為佳。不論如何，絕對不要使用卸妝液或卸妝棉片對待你的臉。

✿ 錯誤的卸妝方式，肌膚受害更大

另外要提醒不化妝者的是：卸妝原本是件有益皮膚保養的事。但絕對要注意到，錯誤的使用卸妝濕巾，隨意地在臉上擦拭，然後又東摸摸西摸摸地做家事、看電視，等累了要洗澡的時候，再隨便洗個臉。這實在是跟自己的臉過不去，大錯特錯。

卸妝濕巾的正確用法，是擦完後立刻去洗臉。不立刻洗去這些具滲透溶解力的溶劑與界面活性劑，對皮膚將造成傷害。而且是留得越久，傷害越大。

卸妝液與卸妝濕巾的使用法，都是卸完妝後得立即再洗臉的。如果無法立即洗臉，那麼應

該使用卸妝油或多元醇類的卸妝水，也就是不含溶劑或界面活性劑的卸妝品。

（3）敏感型及過敏型肌膚選擇卸妝品須知

越是敏感型或易長面皰的肌膚，越是忌諱使用快速的卸妝法。即卸妝液、卸妝濕巾、卸妝凝膠等都不宜使用，以免對皮膚造成刺激。

要選擇組成單純的卸妝品使用。例如：純植物油或嬰兒油或多元醇類組成的卸妝水。

多元醇類對油脂、粉底、彩妝的溶合力有限，一般較適合不化妝及淡妝者使用，濃妝者則選擇油脂類的卸妝油較恰當。

讀者會發覺：有些卸妝乳液或卸妝濕巾等，聲稱含有抗過敏及抗發炎的成分，屬於低敏性配方。

這一類產品，在使用時確實可以有效地安撫刺激性，讓你不覺得皮膚有何異狀。但是，只要是強效型的卸妝品，界面活性劑與溶劑的傷害就無法避免。短時間看不出來，時間久了，問題皮膚出現了，要再彌補為時已晚。

單元3

油性卸妝製品剖析

　　筆者在前一單元，已經一而再地敘述到油性卸妝的重要性了。油性卸妝品的主要組成就是油脂，所以要選擇這一類製品時，要把握的重點就是：所使用的油脂為何？

　　至於廠商所聲稱的營養添加物，其實沒那麼重要。

　　因為卸妝，只是清潔肌膚的一個過程，隨即就用洗面乳洗掉了。犯不著花太多的金錢代價，在所添加的高級護膚成分上。

　　屬於油性卸妝製品的商品有：1.純油脂組成的卸妝油，2.油、蠟調配而成的卸妝油膏。基本上，含油比例越高，卸妝效果越好。

　　以下說明常見的卸妝油特性。

❈ 卸妝油成分看這裡

（1）礦物性油

　　這一類油脂的使用極為普遍。有礦油(Mineral

oil)、液態石蠟(Liquid paraffin)、凡士林
(Vaselin)、石蠟(Petrolatum)等。

礦物性油，取源自石化業的碳氫化合物，本
身沒有化學極性，所以對皮膚細胞膜沒有滲透
性的傷害。

這一類油脂的選擇關鍵是「純度」。

因為純度不佳時，混有的雜質會影響品質，
擦在皮膚上會衍生何種過敏現象，實在難以預
測。一般較為常見的不良現象是：長粉刺。

典型高品質的礦物油商品是嬰兒油。

嬰兒油就是使用質純的礦物油，加上少許的
香料而成的。

因為嬰兒的肌膚，對外界環境的防禦能力尚
未建構完全。所以，使用的產品純度要高，才
可以避免刺激現象的發生。

是以，讀者也可以直接取嬰兒油，作為卸妝
油使用。

礦物油雖稱之為油，但是其油脂結構與人體
皮脂是不同的，差異頗大，所以親膚性較差
些，但對皮膚的安全性仍佳。

對於較濃的妝及高彩度的眼影、口紅等的清
潔，其效果與合成酯、植物油相比較的話，效

果不是很好。

（2）合成酯

　　合成酯是人造的油脂，乃是以實驗室合成的方法製造出來的。

　　常用於化妝品中的合成酯，有十四酸異丙酯、十六酸異丙酯、Isododecane、Isohexadecane、Octylpalmitate、C$_{12-15}$ alcohols benzoate、Capryic/capric triglyceride、Isppropyl isostearate、Isostearyl isostearate等等。還有好多好多不便一一列出。

　　你可能好奇怎麼會這麼多呢？因為是人造的，自然可以隨需要創造出各式各樣的油脂。

　　這些油脂的性質各不相同，可以營造各種不同的觸感，應用到各種配方中。

　　合成酯普遍有「清爽、不黏膩」的特性。使用舒適感，遠勝於一般的礦物油及動植物油。

　　另外，合成酯的化學結構，可以製造成與皮脂相似，使具有極佳的親膚性，易於滲入皮脂及毛孔中。

　　所以，純以卸妝目的來說，其清除污物的效

果，在礦物油、植物油與合成酯三者之中最好。

❀ 小心以下的合成酯

不過，前面提及過十四酸異丙酯及十六酸異丙酯這兩種合成酯，雖具有極佳的卸妝效果，但本身具有刺激性及面皰發生性。

嚴格說來，對細胞是具有毒性的。所以細心的讀者，可要用心過濾這些成分。

筆者較建議使用的合成酯，是化學結構與人類皮脂幾乎相同的三酸甘油酯類(Capryic/capric triglyceride)。其親膚性佳，對皮膚的安全性高於其他合成酯類，可以有效的卸除臉上的各種彩妝。

以合成酯與植物油相比較，在成本上前者低廉很多。所以大量被拿來應用於化妝品中，用以取代植物油降低成本。

然而論及護膚功效，讀者必須有正確的認識：合成酯及礦物油，充其量只能防止皮膚的水分蒸散，談不上修護等功效。這在保養品篇中會再詳談。

（3）植物油

植物油的主要化學結構也是三酸甘油酯。此
外，不同植物油還各含有少量的其他成分，以
構成油脂的特色。例如小麥胚芽油含有維生素
E，月見草油含 γ-亞麻仁油酸等。

🌺 植物油也有缺點

應用於化妝品的植物油，對皮膚幾乎都有一
定程度的正面價值，且安全性佳。

卸妝用油若能選擇純植物油，那當然是最好
的了。

但植物油較為黏稠，不易延展開來，使用上
會覺得不舒服。所以，較為黏膩的油就不太適
合。例如：橄欖油、小麥胚芽油、酪梨油都
是。而較為清爽的植物油，例如荷荷葩油、葵
花子油。

常有讀者問到：「要去哪裡買純植物性的卸
妝油？或哪個牌子有在賣？」

可見得卸妝油並不好買到。這是因為大部分
的人都不用了，市場萎縮的結果。化妝品是百
分之百以市場需求為配方導向的產品，筆者只
能說可以買得到，至於哪一牌，恕不便多談。

　　讀者也可以使用食品用的葵花油試試，或購買嬰兒油混合葵花油使用。只要注意處理上不要污染即可。

　　讀者也會發現：現在的嬰兒油，好像不全是礦物油配方。

　　是的，現在的嬰兒用油，分成三類：1.礦物油，2.合成酯，3.矽靈。

　　礦物油者最傳統，對嬰兒的肌膚也較有保障。2.、3.兩類則又是市場導向的產物。

　　合成酯是提供給那些認為礦物油太油膩的父母使用的，但是讀者正好可以利用來卸妝，因為純度較有保障。

　　第3種矽靈成分，則是提供使用後完全無油膩感，且可以形成疏水膜，防止嬰兒皮膚的水分蒸散。不過這一類矽靈成分無法拿來卸妝。

　　所以，讀者若想選購嬰兒油，作為卸妝按摩用油，就必須先看清楚嬰兒油包裝上的成分欄說明，以免買錯了不能用。

卸妝油

1.基本成分：礦物油或合成酯或植物油。

2.添加成分：少量抗氧化劑、香料、維生素E。

3.產品特性：卸妝效果完全，長久使用不傷皮膚。

4.適用對象：任何膚質，寶貝肌膚的人。

5.選用要點：植物油最佳，嬰兒油安全，合成酯小心
過濾。

6.關懷小語：寶貝肌膚的你，乖乖地用卸妝油清潔肌
膚，比花錢再做臉清潔、買高級保養品
都值得。

單元 4

水性卸妝製品剖析

「如果可以不用卸妝，那該多好！」

當一天即將結束時，拖著一身的疲憊，還必須面對卸妝這件麻煩事，確實相當苦惱。

所以，減輕痛苦指數的水性卸妝製品，因應需求出現在市面上。

水性卸妝品的優點，就是用了不覺得有任何油膩的負擔。卸完妝，懶一點的人，也可以直接用清水沖洗一下，就算完成洗臉步驟。難怪銷路不錯。

想當乾淨的懶女人，要有專業認知

「水性卸妝品對皮膚的影響如何？安不安全？」這與配方的成分有很大的關係。

卸妝水產品的類型，主要有淡妝用的弱清潔力配方及專門針對濃妝設計的強效型配方。

兩者不論是對皮膚的刺激性，或者卸妝效果都有極大的差異。以下分別說明之。

（1）弱清潔力卸妝液

弱清潔力卸妝液，產品的供應對象是淡妝者及不化妝者。

這類卸妝液，在成分設計上，不針對難以卸除的粉底彩妝，而是皮膚所產生的油脂污垢和空氣中附著的塵污。主要的成分為多元醇類。

多元醇，其實是保養品中很好的保濕劑。本身具有極佳的親膚性及親水性，是極佳的溶媒，所以可以溶解部分附著的油脂污垢。使用後有極佳的觸感，皮膚既不油膩也不乾燥，水洗時因為有良好的親水性，所以也不會有殘留或傷害肌膚的問題。

若說多元醇有缺點，應該是其清潔力有限吧。對於過髒的皮膚，使用這一類製品是無法清除乾淨的。

典型的多元醇如下：丁二醇（Butylene glycol）、聚乙二醇（Polyethylene glycol, PEG）、丙二醇（Propylene glycol）、己二醇（2-Methyl-2, 4-pentanediol）、木糖醇（Xylitol）、聚丙二醇（Polypropylene glycol, PPG）、山梨醇（Sorbitol）等。

另外，有部分這一類商品，為了彌補其不夠

強的卸妝能力，會在製品中加入界面活性劑幫助溶解污垢。

遇到這一類產品，特別要注意所使用的界面活性劑，是否符合低刺激性的原則，避免使用刺激性太高的SLS，如此才能確保產品的安全。

（2）強清潔力卸妝液

強清潔力卸妝液，就像強力洗衣精一樣，專門對付超強頑垢。臉上的超強頑垢，當然就是眼影、口紅之類，高彩度的彩妝了。

這一類卸妝液，雖也加入多元醇，但目的是作為浸透助劑及保濕用，真正執行卸妝的主要成分是溶劑。

溶劑對附著在臉上的彩妝，有極強的溶解力。可以在接觸的短時間內，去除臉上所有的妝。

但是，溶劑對皮膚角質及細胞膜，有相當程度的滲透作用。對皮膚細胞來說，溶劑是外侵的異物，經久滲入細胞膜內，對皮膚健康有極大的危害。

不但皮膚質會變差，表皮上的皮脂膜過度去除，將造成乾燥皮膚，產生皺紋，皮膚也會變得過敏。

這種去脂力，就像是拿去光水擦拭指甲油一樣，擦過去光水的指甲，完全不見角質光澤，毫無生氣。

除了溶劑之外，還必須加入強去脂力的界面活性劑，加強滲透作用。另外，也會加入鹼劑，幫忙溶解角質。這些成分都是皮膚保養之大敵，讀者有必要認識，才能方便選擇產品。以下列出這些常用成分。

1.溶劑	主要為苯甲醇(Benzyl alcohol)
2.界面活性劑	避免使用SLS配方
3.鹼劑	氫氧化鈉(Sodium hydroxide)、氫氧化鉀(Potassium hydroxide)、三乙醇胺(Triethanol amine)、AMP(Amino methyl propanol)等。

當然，卸妝液只要是用以上的成分來配方，肯定誰用了都會刺激過敏的。所以，廠商會想盡辦法降低立即刺激性。

最直接的辦法，就是加入護膚成分。所以，

讀者看這一類卸妝液的成分欄時，會發現洋洋灑灑的一大串成分，而其實有一半以上都是護膚用的。

❀ 卸妝液的護膚成分看這裡

這些護膚成分大約分成三部分：

1.具鎮靜消炎的植物萃取液

例如：洋甘菊(Chamomile)、蘆薈膠(Aloe)、羅勒(Basil)、甘草(Licorice)、矢車菊(Cornflower)、金縷梅(Witch hazel)等等。

2.具消炎、抗過敏的成分

例如：尿囊素(Allantoin)、甘菊藍(Azulene)、甜沒藥(Bisabolol)。

3.護膚成分

主要使用親水性的保濕成分，例如：醣醛酸、PCA・Na、水解膠原蛋白、維生素原B_5等等。

❀ 含護膚成分的卸妝液，價值何在？

讀者很容易因為一些營養護膚成分的誘導，而錯覺卸妝水是溫和不刺激皮膚的產品。

這真的是高明的障眼法。其實新鮮的魚，烹調時是不需太加油添醋的。

試想：不刺激肌膚的卸妝產品，需要如此費

事，添加這麼多附加的成分嗎？

這一類強效卸妝液，大部分的原料成本，都用在護膚成分上。

淡妝用卸妝水

1.基本成分：多元醇類。

2.添加成分：界面活性劑，注意不使用SLS。

3.產品特性：溫和不傷皮膚，弱卸妝力。

4.適用對象：中乾性膚、質過敏性膚質、面皰性膚質。

5.適用條件：淡妝或不化妝者。

6.忌用對象：油性膚質，無法完全去除油性髒污。

強效卸妝水

1.基本成分：苯甲醇、界面活性劑、鹼劑、多元醇。

2.添加成分：護膚劑。植物萃取液、抗炎成分、水性護膚成分。

3.產品特性：溶解型卸妝，效果快又好。具刺激傷害性。

4.適用對象：健康肌膚，高彩度濃妝者。但不宜經年累月使用。

5.忌用對象：過敏性肌膚、面皰化膿性肌膚。

6.關懷小語：卸妝快不得，不要因小失大，或仗著年輕肌膚有本錢。一旦造成傷害，或形成過敏性膚質，要補救為時已晚。

　　因為有刺激性，所以不加也不行。而賣得貴，不過是把成本轉嫁到消費者身上。消費者還誤以為，買「強效」，貴些是合理且值得的。

乳霜狀卸妝製品剖析

　　乳霜狀的卸妝品，例如卸妝冷霜、卸妝乳液等均屬之。

　　乳霜製品，是使用卸妝油脂與水、乳化劑，一起乳化而成的。

　　一般以卸妝霜的含油比例較高，且製品的稠度較大。但現在的技術，也可輕易地製造出高油度的卸妝乳了。所以，不必拘泥於製品的型態去選擇。

✿ 卸妝霜與保養霜的差別何在？

　　談到卸妝霜(乳)的製作，其實跟一般的保養霜(乳)相差無幾。只是在原料油脂的選擇上，卸妝用霜不需太考究護膚功效。而保養品，就必須在油脂的選擇上多下功夫。

　　另外，卸妝霜(乳)也較不添加太過價昂或高效的營養成分。

　　主要原因是沒有這個必要，其次則是加入太多的營養成分，有時反而降低了卸妝的效果。

卸妝霜(乳)所使用的油脂原料,其實就是前單元3的卸妝油,其優缺點請讀者再自行參考。

將卸妝油與水混合乳化的卸妝霜(乳),基本上所含的油脂比例,已經大為降低了。所以使用上,當然沒有卸妝油來得那麼容易卸妝。

為了彌補這一缺點,還是有廠家,在卸妝霜中加入界面活性劑輔助卸妝效果。

所以讀者又要注意:所使用的界面活性劑是否具高刺激性。

✿ 會引起刺激的成分看這裡

當然,要將油與水穩定成乳狀外觀,必須加入乳化劑。雖然乳化劑也是一種界面活性劑,但是乳化場合所用的,與清潔效果所用的完全不同,對一般正常肌膚不會造成刺激。

不過,仍有少部分皮膚過敏者,使用乳霜類卸妝品,會有刺痛或皮膚不適的現象。

這除了界面活性劑引起的之外,還可能是色料、香料及防腐劑所引起的。此外,可能是鹼性配方造成的。

有這方面困擾的讀者,可以查閱配方中是否有以下的成分,因為這些成分會造成卸妝霜呈

鹼性，造成刺激。

1.硬脂酸(Stearic acid)與三乙醇胺(Triethanol amine)，共同出現於成分欄中。

2.高分子膠(Carbomer 934或Carpobol 934)與三乙醇胺，共同出現於成分欄中。

有讀者問到：「可不可以用冬天較油的營養霜來卸妝？」

筆者在想，假如要廢物利用，那當然可以。意思是說，或許你有這種高油度的保養品不適用，想拿來卸妝，又不知是否可行。那當然可以。

但是，如果為了寶貝肌膚，刻意用營養霜來卸妝，那除了浪費之外，事實上可能會有卸妝不完全的現象發生。

因為，營養霜中的油性成分，並不符合卸妝油易推延、不黏膩、高滲透性的要件。反而可能存在一些高黏性的卵磷脂、酪梨油、蜜蠟等成分。

綜合言之，乳霜類卸妝品，是較符合現代人使用習慣的產品。雖然卸妝效果不及卸妝油，但一般妝尚能卸除乾淨。當然也沒有強效卸妝水的強刺激性。

卸妝霜／乳

1.基本成分：油、水、乳化劑。

2.添加成分：界面活性劑、多元醇保濕劑、簡單護膚
成分。

3.產品特性：卸妝效果適中，安全性可。濃妝者較難
完全卸除。

4.適用對象：健康皮膚，化妝者。

5.忌用對象：敏感型肌膚忌用鹼性配方。

單元6

卸妝凝膠剖析

外觀呈現透明狀的卸妝凝膠或卸妝凍膠，也廣受歡迎。有些廠牌甚至標榜其凍膠可以卸妝，也可以作為清潔敷面凍及保濕敷面凍使用。

卸妝凝膠也是不含油脂的卸妝製品，其卸妝效果的強弱，與配方時所使用的成分有關。

通常強調可以作為敷面凍的製品，其卸妝效果比較差。使用的主要成分，與前單元4淡妝用卸妝水者相同，都是多元醇類，因此對皮膚的傷害性也小。

而較強效的卸妝凍膠，則在配方時所添加的界面活性劑比例量增加，或有可能調整為鹼性，並加入少比例量的有機溶劑。其配方成分類似強效卸妝液。

凍膠的製作很簡單，乃是將調配好的卸妝水，加入高分子膠，再加以攪拌均勻，就成了凍膠狀。這種製作，有點像在製作果凍或廚房

的湯汁勾芡般。

所以，本質上卸妝凍膠，是歸類爲水性卸妝製品的。化妝品製作的厲害之處，就是大玩易容術，滿足消費者的需求。

✿ 先瞭解凝膠成分再選購

所以，不要以爲所有的卸妝凝膠，都可以每天拿來臉上按摩、擦拭或敷臉。最好先瞭解一下成分。

例如：淡妝或不化妝者，應注意凝膠類製品中，不宜含有有機溶劑(苯甲醇，Benzyl alcohol)、鹼性助劑(氫氧化鈉、氫氧化鉀、三乙醇氨、AMP)，以及不良的界面活性劑(SLS)。這種篩選，目的是爲了保護皮膚免於傷害。

而至於濃妝者，一般型的卸妝凍膠，無法達到卸妝的目的。所以，仍必須使用加有溶劑與鹼性助劑的卸妝凍膠，才能夠清潔完全。

其實必須化濃妝的人，基本上皮膚的負擔，遠大於一般不化妝者。所以，可能的話，還是用油來卸妝比較好。使用任何速效的卸妝製品，皮膚的健康都要擔風險的。

此外，筆者發覺：市面上的凝膠類製品及卸

妝棉，少有完全標示成分的品牌。這一點讀者
請三思。

卸妝凝／凍膠

1. 基本成分：多元醇、水、高分子膠（Carpobol, Carbomer)。

2. 添加成分：可能有界面活性劑、微量鹼性助劑、有機溶劑。

3. 產品特性：卸妝力弱者，刺激性弱。卸妝力強者，刺激性強。對眼睛具刺激性者，可能為含鹼劑配方。

4. 適用對象：一般膚質。

5. 關懷小語：不化妝的人，在洗臉前，用弱卸妝力凍膠稍微按摩臉部，可以有效清除代謝的皮脂及環境附著的髒污。濃妝者，奉勸你對皮膚最大的照顧，還是以油脂充分卸妝最好。

單元7
······················

卸妝棉剖析

🌸 喜歡用卸妝棉的人，請仔細看

卸妝濕巾，目前正以卸妝棉的名稱，吹起流行風。強調卸妝力佳，省時省事。

你是以何種標準選擇卸妝濕巾的呢？除了價格的比較之外，相信絕大多數人會比較濕巾的卸妝能力。因為大家都被廣告教育成：「卸妝力強的才是好產品」。這個觀念絕對錯誤。

買卸妝棉，可不像在買廚房白博士，不能只看清潔力，畢竟清潔廚房可以戴上手套；而清潔臉上的妝，肌膚可一點保護措施都沒有。

卸妝濕巾，不含油脂成分。因此，卸妝大任又必須藉助界面活性劑及有機溶劑來完成。

因為會造成皮膚刺激，所以卸妝濕巾的成分裡，又像強效卸妝液一樣的，必須加入很多的護膚成分。

而事實上，卸妝濕巾的製作，就是將準備好的棉片，以強效卸妝液浸濕而已。換句話說，

就是廠商先幫你把卸妝液，沾濕在化妝棉上。

　　所以，你用的還是強效卸妝液，它的缺點和卸妝液一樣，你得到的只是方便罷了。

　　眼尖的消費者或許會注意到，這一類卸妝棉包裝盒上，其實是有警告標語的。提醒你：「敏感及皮膚有傷口者勿用」。這其實已經宣告了，產品是具有某種程度的刺激性的。

深層卸妝棉

1.基本成分：苯甲醇、界面活性劑、鹼劑、多元醇。

2.添加成分：護膚成分。植物萃取液、抗炎成分、水性護膚成分。

3.產品特性：方便的溶解型卸妝液，卸妝速度快、效果好，對皮膚具刺激性傷害。

4.適用對象：偏油性或健康肌膚。高彩度化妝者。

5.忌用對象：過敏性肌膚、化膿性面皰肌膚、乾性肌膚。

6.關懷小語：不因方便而隨便用。眼睛四周的皮脂分泌不旺盛，過度使用，將造成眼部皮膚乾燥及過敏。不要每天都當懶女人，偶爾為之適可而止。

淡妝專用卸妝品剖析

卸妝品不需強分濃淡妝與膚質，品質才是重點

經過前面幾個單元的介紹，讀者應該頗具概念了。

一般人還是相信淡妝與濃妝，所使用的卸妝品是不相同的。這觀念導因自化妝品專櫃所販售的卸妝製品，就有濃淡妝專用之分。

甚至還有人認為：「油性膚質與乾性膚質者，所用的卸妝品也應該不同。」因為專櫃小姐，會建議你使用那些專為你設計的產品。說穿了，都是為了賺取你的錢設計，消除你各種使用效果上的疑慮而已。

卸妝，哪有那麼大的學問！重點是在不傷皮膚的前提下，把妝清潔乾淨。

把握這樣的原則去思考，事實上，所有的卸妝品，都是在配合消費者的使用喜好而已。讀者沒有必要去劃分哪些可用。該注意的是：用

了會有什麼後果。

　　比方說：卸妝棉，人人可用。但長久使用下來，皮膚一定會出毛病。

　　過敏性及面皰性皮膚首當其衝；乾性皮膚隨後就會產生皮膚過於乾燥、過敏的現象；油性膚質者，則一段時間後才會發覺有異狀。

　　這些可能的傷害，跟有沒有化妝並沒有關係。所以如何去定奪濃妝、淡妝、油性皮膚、乾性皮膚，應該使用什麼產品呢？

　　專櫃的誘導，其實是簡單地引導淡妝者，使用低油度及低溶劑型的卸妝品而已。而對於油性皮膚，則投其所好，建議使用不含油脂的卸妝品。基本上，沒有為消費者考慮到安全性的問題。

　　筆者倒是建議：不論化的是哪一種妝，多使用高油度的卸妝品，對皮膚才是種保障。

　　因為，油脂除了可以溫和清除臉上的彩妝之外，還可以幫助清除毛孔口附近的皮脂，促進皮脂代謝正常，有益於肌膚的健康。

單元9

濃妝專用卸妝品剖析

　　妝卸不乾淨，除了阻塞毛孔，妨礙皮膚呼吸，使膚質變差之外，還會有彩妝色素沈澱的恐懼。

　　所以，濃妝者對於所用的卸妝品，能否完全清除彩妝的知覺敏銳度，遠高於淡妝及不上妝者。

　　把妝卸除乾淨的觀念絕對是正確的。但是因為求好心切，往往疏忽了其他可能的副作用傷害。這一點必須多加以注意。

🌺 濃妝者應有的卸妝觀念

　　濃妝者的卸妝選擇，只有兩種。一是高油脂卸妝，另外就是溶劑型卸妝水了。

　　或許兩者之間的方便性差異頗大，大多數的人討厭麻煩及油膩。但是，以卸妝效果來說，油脂並不比溶劑遜色。安全性上，油脂又好得多。所以，麻煩些是有代價的。

　　有人問到：「用強效的卸妝品，先把妝清除

乾淨，再加強保養，難道行不通嗎？」筆者這樣回答：「會有人故意把皮膚弄受傷，再去找最好的藥膏擦嗎？你必須考慮皮膚，是否能復原到受傷前的健康與活力。」

如果化妝是你生活上的必需，那麼卸妝的工作就是長長久久、無法免去的步驟。因此，卸妝成了你保養的重要環節，不得不謹慎選擇卸妝品。

對強效卸妝品的使用，刺激性不能以短時間皮膚無任何異樣來評斷。

當先過濾這些具潛藏危險成分的產品，少用或不用才能確保皮膚的健康。

單元 10

眼影、口紅專用卸妝品剖析

眼影及口紅，因為使用的色料比例高，所以沒有卸除乾淨，很容易觀察出來。

一般相信，色素未清除掉，將造成色素沈澱，有礙肌膚的健康。

所以，在必須完全去除的認知下，很自然的，這一類唇眼專用卸妝液能被接受。

事實上，唇眼專用卸妝液，就是強效卸妝液。其配方成分，與單元4所敘述的強效卸妝液完全相同。如果你有強效卸妝液，就不需再添購這一類的產品。

而所謂的「專為敏感的眼部及唇部設計的配方」。這種說詞，不過是要讓消費者感到安心，在配方中再加強護膚成分的比例罷了。

但是，這些努力，都隱瞞不了一個事實，那就是：「溶劑及界面活性劑，對皮脂過度去除、造成細胞膜滲透的傷害。」

所以，當你使用這種強效卸妝液時，皮膚雖

不會感到乾燥，但是隨後洗完臉，皮膚就會立
即覺得緊繃乾裂。

第三篇

敷面膜製品

敷面膜製品面面觀

　　敷臉，以往必須到護膚沙龍才能做。會定期在家敷臉保養的人，少之又少。除了麻煩之外，成效不彰，也是叫人興趣缺缺的原因。

　　隨著簡便產品的開發上市，這幾年敷臉產品又重新回到第一線，成為發燒商品。

　　最讓人耳熟能詳的是，清潔用的粉刺專用鼻貼，以及保養用的保濕濕巾面膜。

　　一時間，敷臉不再麻煩。敷臉成為愛美女性認為最速效的保養方法，並且是最心甘情願忍受的麻煩。

✿ 廣告說的效果不可盡信

　　翻開女性雜誌，從過去到現在，常見針對敷臉產品做大篇幅的報導，內容則經常是介紹敷臉的方法、敷面膜的種類、功效、品牌、價位、成分等等。

　　而或許是不想得罪廠商，或者是對成分的認識有限，每一種品牌都是褒多貶少。筆者總覺

得：像在看廣告DM一樣。看完了也不知道該買哪一家、哪一種比較適當。

你對敷臉的目的、方法、效果的認識有多少？當你在看廠商所提供的成分說明書時，感受是躍躍欲試？或者覺得不適合你？或者認為言過其實？

平心而論，若敷臉的方法正確，自有其一定的功效彰顯。否則大街小巷林立的美容沙龍如何生存？

但是，敷臉就像家裡大掃除一樣，你不能期望掃一次，家裡可以永保清潔，你必須定期地執行大掃除工作。也就是說，要漂亮必須勤於敷臉。

❋ 並非每個人都適合敷臉

有沒有敷臉的方法都正確，但看不到效果，或者反而惹來皮膚上的疾病的人呢？

這倒也有。特別是問題肌膚者，或者設定敷臉的目的是美白去斑、治療青春痘者，經常都會有處理上的糾紛。

這種情形，若發生在沙龍，還可以獲得補償。但若是自己買產品回家使用而發生異狀時，通常會自認倒楣。

　　讀者要把握的重點是：如何去避免這一類的慘劇，發生在自己的身上呢？

　　當然是使自己具有分析產品特性的常識，才不會受騙。

　　不論你過去的感想是什麼，敷臉製品裡，還有很多潛藏的成分，是你所不知道的。而這些可能就是產品品質的關鍵。

　　本篇將分11個單元，詳加說明各類面膜的優缺與適用性。

單元2

敷臉效果剖析

　　保養程序中，有一個較具深度的步驟就是敷臉。

　　敷臉最基本也是最重要的訴求是：彌補卸妝與洗臉仍嫌不足的清潔工作。就像家裡的定期大掃除一樣，應養成定期做清潔敷臉的護膚習慣，皮膚才會健康美麗。

敷臉可以達到的深層清潔效果

　　透過敷臉，可以去除老廢角質，增強角質更生的能力，同時也促使皮脂分泌暢通，達到深層清潔的功效。

　　當然臉部的角質更新、皮脂毛孔清潔，所展現出的皮膚美，就是健康、有生命力的動人膚質。

　　讀者必須先有這樣的認識：「如果清潔性敷臉做得不徹底，那麼做護膚性敷臉的效果就會大打折扣」。

　　想想看，一面老舊斑剝的牆，不清理，直接

上新油漆粉刷，這種門面能撐多久？

所以，不要急著趕流行，只將重點放在除掉鼻頭粉刺，隨後就又忙著貼保濕濕巾。那種效果，絕對不等於到沙龍去做臉。

為方便釐清讀者的觀念，以下將敷臉的效果分為「清潔目的」及「滋潤目的」兩類來說明。

（1）以清潔為目的敷臉

❀ 敷臉是深層潔膚最溫和有效的方法

以清潔為主訴求的敷臉，不論產品性狀如何，都必須將製品塗布在臉上，且厚度必須能達到阻隔皮膚與外界環境的效果。也就是讓皮膚維持在「密不透氣」的狀態。

這麼做的目的，是要讓皮膚表面溫度提升、毛孔擴張、皮脂軟化以及使老廢角質軟化鬆動。

大約20分鐘的時間，洗去或撕去面膜的臉，再用溫水洗淨，臉部大掃除算是大功告成。

當然，配合膚質，可以選擇不同成分基質的敷臉製品。

基本上，油性膚質者，可以選擇具有吸脂性

的泥膏產品，成分例如高嶺土。

但注意，並不是所有泥膏型製品，都是歸類為強吸脂性的。這一點後面單元會說明。

乾性膚質者，則可選擇敷面劑中，還加入少量油性成分者。這可避免敷臉的過程，讓皮膚覺得緊繃不適。像是酪梨油、小麥胚芽油之類的油脂。

讀者不用懷疑清潔敷臉，加入油性成分是否適當。清潔敷臉的重點是：讓皮膚密不透氣即可。

❋ 清潔用敷面劑沒有必要分油性或乾性膚質專用

事實上，清潔敷臉，並不需要用絕對的標準去劃分油性膚質或乾性膚質專用品。

敷面膜乾燥的過程，或許會有緊繃的感覺，但絕不至於造成乾性皮膚過度乾燥的現象。

也就是說，不論敷面膜的成分為何，不會把臉上不該去除的皮脂給吸走的。

相對的，油性膚質者也不盡然必須選擇所謂高吸脂成分的敷面泥。

因為臉上的油脂並不是藉由敷面泥來吸附，而是在敷臉完成時，皮膚溫度升高，皮脂自然

會湧出皮膚表面。

因為皮膚溫度升高而液化的皮脂，只要敷完臉後，再以洗面乳清潔就可以了。

所以，有人會覺得敷完臉，反而更容易出油。這其實是正常的好現象。

你也可以自己感受一下前面所述的現象。在夏天敷完臉時，暫時素淨著臉，什麼化妝水、保養品都不擦，十幾二十分鐘後，臉上的毛孔又會大量分泌皮脂出來。

這就是筆者所說的，並非面膜沒有把過多的油脂吸收乾淨，反而是毛孔確實清潔無阻塞的好現象。暢通的毛孔，有益皮脂的分泌代謝，也有利於隨後保養品營養成分的滲入。

（2）以滋潤為目的敷臉

以滋潤為目的的敷臉，大多指保濕性敷臉。亦即敷完臉後，會有水樣晶瑩剔透的膚質。所以，滋潤型敷臉，首重保濕劑的選用，特別是親水性的保濕劑。

❀ 敷臉的保濕效果如何，
　要觀察幾個小時才能論斷

當然不同的保濕成分，敷臉的效果是有差別的。

但主要的差別，不在於剛敷完臉的短期間，而是保濕效果延續的差異。越是乾燥老化的肌膚，差別就越加明顯。

親水性保濕劑與皮膚接觸時，可以有效地促進角質層的水合，角質層含水率高，即表現出水亮透明的膚質，膚觸也變得柔軟有彈性。

而為何不同保濕成分，其保濕時間長短，會有差異性呢？這是因為不同的保濕劑，幫助角質水合的方式不相同的緣故。

當然，滋潤目的敷臉，還可能包括：除皺、除斑、面皰理療、美白等等。這些額外增加的效用，還是以保濕敷臉為基礎，另外再添加入適當的營養理療成分即成。所以對敷臉者來說，並無增加敷臉步驟或時間的麻煩。

❀ 保養性敷面劑塗敷量不必太多

對於滋潤型敷臉，應該塗多厚呢？

滋潤目的敷臉，對敷面劑與皮膚間的氣密要求，較不重要。也就是有無氣密，對敷臉的效果影響較小。

因為滋潤成分，主要是作用在皮膚的表皮

層，成分本身的附著力、滲透性與分子特性，才是效果的關鍵。

因此，保養性敷臉，面膜的厚度可以薄些，再以保鮮膜或棉紙巾覆蓋，藉以提升皮膚的溫度及滲透效果即可。

所以，當你所選購的滋潤性面膜的製品，其樣子像面霜一樣，就沒什麼好奇怪了，甚至你可以當一般面霜用它也無不可。

當然，將一般常用的營養霜塗厚一些，再蓋個保鮮膜十幾分鐘，也等值於保養敷臉效果。

單元 3

清潔用敷臉製品剖析

現在的敷臉製品，極少會標示其功能只有簡單的清潔作用，多少會說是「清潔、保養」或「清潔、保濕」或「清潔、去角質」等多重功效。

這是在清潔敷面劑配方中，多加入了保濕、去角質等作用的成分，所延伸出來的功效。

本單元則主要說明清潔面膜的性狀及特點。以產品的外觀性狀，來分類清潔用敷面製品，如下所述：

（1）泥膏型敷面膜

敷面泥的成分看這裡

泥膏型敷面泥的清潔基質是粉劑。

主要有高嶺土(Kaolin)、膨潤土(Bentonite)、澱粉質衍生物、天然泥(例如：海泥、河泥、礦泥)、碳酸鎂(Magnesium carbonate)、碳酸鈣(Calcium carbonate)等。

另外，豆類研磨而成的粉末，特別是綠豆及黃豆，也可作為清潔泥的基質。

將選定的基質粉劑互相混合均勻，加入適量的水與界面活性劑，即成為最簡單的敷面泥。

而以吸脂力而言：高嶺土的吸脂性最好。因此油性肌膚專用的敷面泥，會以高嶺土為主要成分。

高嶺土的別名為中國黏土(China clay)，化學成分為矽酸鋁，品質的好壞差異大，品質差者，敷臉時會造成皮膚的刺激，敷完後臉部會過敏刺癢而起紅疹。

另外黃豆粉也有極佳的吸脂力，但因植物成分有變質及滋生微生物的問題，所以很少加入敷面泥配方中。

除了高嶺土及黃豆粉之外，其他的粉劑並無特別強的吸脂性。通常就是用來作為塗擦在皮膚上的基質，塗上厚厚的一層，使皮膚與外界完全阻隔。

配方中通常會使用多元醇類的保濕劑，一來可達到保濕的功效，二來可以輔助防腐劑的防腐效果。

🌸 注意喔，敷面泥含有高濃度的防腐劑

保濕劑跟防腐劑，怎麼會扯上關係呢？這你就有所不知了。

泥膏狀的製品，最容易滋生細菌微生物了。特別是以微細粉粒調和成的水性泥膏，若不加以防腐，很容易成為細菌滋生的溫床。

所以，與各種不同性狀的敷臉製品比較起來，泥膏狀敷面膜為了制菌，必須加倍地使用防腐劑。

因而，有些過敏性膚質的人，使用泥膏狀敷面膜，會起過敏現象。這極可能是對過高濃度的防腐劑，所產生的過敏反應。敏感型膚質者，必須小心過濾泥膏類製品，以免引發肌膚的不適。

🌸 敷面泥有極佳的保濕功效

有些人不喜歡使用泥膏狀的敷面膜，是因為大多數的泥膏狀製品，都必須再經水洗的步驟，才能清除這些敷面泥。

這確實是件很麻煩的事。但敷面泥有其優點，含有界面活性劑及足量的水。可以在氣密過程中，非常有效地軟化阻塞在毛孔口的硬化皮脂，使後續的清潔工作較為容易。

這道理跟洗澡一樣的。身上的油垢，往往在香皂塗擦及水的軟化下，讓你能搓出很多的垢。在美容沙龍裡，經過泥膏型清潔敷臉後，鼻頭上的粉刺，只要用青春棒輕輕地壓過，就能擠壓出來。其去除鼻頭粉刺的效果，可媲美用蒸汽蒸臉。對不適宜用蒸汽的乾性皮膚，其實是很不錯的敷臉選擇。

泥膏型敷面膜

1. 清潔基質：高嶺土等礦物泥、海泥等。
2. 添加成分：多元醇保濕劑(例如：甘油、丙二醇、丁二醇等)油性護膚成分(例如：小麥胚芽油、酪梨油等)
3. 產品特色：軟化皮脂、污垢、角質效果佳。
4. 適用對象：各種健康膚質。
5. 忌用對象：過敏性膚質。
6. 關懷小語：泥膏狀敷面膜含較高的防腐劑，使用時應注意皮膚反應。最安全的泥膏敷面膜，是使用前再將敷面粉與調理水相混合的包裝，可降低防腐劑的用量。

（2）撕剝型敷面膜

撕剝型面膜，是指敷面劑乾燥時可在臉上形

成一層膠膜的製品。使用上，是以撕剝的方式除去這層高分子膠薄膜。

撕剝型面膜的清潔原理與泥膏型相同。也就是讓皮膚與外界環境，氣密性地隔絕開，以便提升表皮溫度，促進血液循環與新陳代謝。

使用上撕剝型面膜，會在高分子膠的乾燥過程，附著已經脫落的角質。所以，當所使用的高分子膠屬於強附著力型者，就會有更強的拔除粉刺效果。

✿ 撕剝型面膜保濕效果差

較遺憾的是，撕剝型清潔面膜，無法具備良好的保濕效果。所以，想加強保濕的人，並不適合選擇這一類製品。

無法有效保濕，是因為加入保濕劑，水分不易蒸發，會延長面膜乾燥的時間，甚至無法乾燥。面膜若無法乾燥固化，就無法撕剝下來。

✿ 撕剝型面膜成分看這裡

撕剝型面膜的成分架構為：高分子膠、水與酒精。其他成分只能少量添加。

酒精的濃度，通常不低於10%。這對一般肌膚來說，10%的酒精，已經是有感度的刺激了。

因此，過敏性膚質或有化膿性傷口的皮膚，根本不適宜使用。

高分子膠的成分為PVP(Poly vinyl pyrolidine)、PVA(Poly vinyl acetate)、CMC(Carboxy methyl cellulose)等。

加入的比例不同，所形成的膜質感，像是軟硬度，也不太相同。不過，高分子膠對皮膚是無任何刺激性的，這一點倒是可以放心使用。

前面提到：撕剝型面膜加入保濕劑，基本上會阻礙膜的乾燥。因此，所添加的副劑，一般是往植物萃取液及抗炎、抗過敏的水性成分方向上發展。

所以，坊間最常見的是：小黃瓜、檸檬、胺基酸蛋白及果酸等等的撕剝型敷臉製品。

敷面膜的酒精含量高，因此配方本身就具有靜菌的作用。若添加防腐劑，用量也較其他型態面膜為低。所以，在防腐劑方面，是比較安全的。

若將撕剝型面膜與泥膏水洗式面膜相比較，則優缺互見。

撕剝型較主要的缺點是，軟化毛孔中固化皮脂的效果不佳。此乃因為敷臉的過程中，皮膚

並未被足量的水分、乳化劑所軟化，甚至在酒精揮發的乾燥過程中，把臉上的水分也給帶走了。

　　所以，藉助高分子膠的附著力，只能去除老化角質，無法淨化毛孔。

　　就算你使用了具有強附著力的拔粉刺製品，仍無法將臉上毛孔中所有的粉刺全部清潔乾淨。反而有消費者因為過強的附著力，傷及角質。

撕剝型敷面膜

1. 基本成分：高分子膠、水、酒精。

2. 附加成分：水性護膚成分，例如小黃瓜萃取、檸檬、
　　　　　　　果酸萃取等。

3. 產品特色：使用方便。但清潔皮脂效果不佳。

4. 適用對象：健康及油性肌膚。

5. 忌用對象：過敏性肌膚、化膿性肌膚。

6. 關懷小語：選擇撕剝型產品，不宜對保濕效果過度期
　　　　　　　待。含鎮靜、安撫成分者，可緩和酒精
　　　　　　　對皮膚的刺激。

（3）粉刺專用T字貼

　　現今流行的粉刺專用面膜，不論是鼻頭專用

的紙貼，或是像樹脂般的膠狀液，最後都是用撕剝的方式，除去臉上的粉刺。

這種產品，看得到撕下來的面膜上，沾黏著大大小小的皮脂粉刺。

如果注意看，一定會發現這些皮脂粉刺，與濕式敷臉後所處理的粉刺，就顏色上來觀察，前者顯得乾黃。這是因為皮脂沒被水浸潤過的緣故。

拔除式面膜沾黏力強，但傷害力大

拔除式面膜的沾黏力，主要是藉由強力溶劑滲入毛孔中，對老死細胞先行溶解，以促進固化皮脂的鬆動。再利用強附著力的樹脂膠，附著鬆動的粉刺。當面膜乾時，快速一撕，粉刺就被黏上來了。

將(1)(2)(3)，前述三種形式的面膜相比較，則以粉刺專用面膜的成分，最具刺激性。

因為要鬆動粉刺，必須使用強力溶劑，主要為苯甲醇、鹼劑、強浸透力的界面活性劑所組成。

又因為要黏出這些粉刺，所以使用強附著力的樹脂膠，這經常會將無辜的健康角質給拖下水。

　　所以，前幾次的使用，皮膚可能因為自身的防禦功能尚屬健全，感覺不出異象；但使用一段時間之後，皮膚的防衛能力降低，用出毛病者就越來越多了。

粉刺專用面膜

1. 基本成分：強力溶劑、界面活性劑、鹼劑、高分子膠。
2. 附加成分：抗炎、抗刺激、抗過敏成分。
3. 產品特色：強撕剝力。除深層粉刺較為方便。
4. 適用對象：健康油性肌膚，閉鎖性面皰型肌膚。
5. 忌用對象：過敏、乾性、角質薄的肌膚及化膿性肌膚。
6. 關懷小語：強力撕剝的粉刺面膜，往往會將臉上未達代謝條件的角質層也一起吸附撕剝而下，造成皮膚傷害。對化膿型面皰肌膚威脅最大，往往造成傷口破裂。偶爾流行愛美一下就好，這種產品是護膚的大敵，不宜多用。

　　就皮膚健康來考量，粉刺專用面膜是不宜經常使用的。

　　當然在配方上，為了降低刺激性，可以在溶劑中添加一些抗過敏、鎮靜消炎的成分。

這種作法對刺激性的補救，雖不具建設性的改良，但總比完全不添加者好。讀者應稍加留意這一類產品的第一劑成分欄，觀看是否添加抗過敏的成分。

（4）清潔用敷面凍

使用敷面凍做清潔敷臉，最要掌握的是塗敷的厚度要足夠才具實效。

敷面凍的清潔效果，雖也是靠著厚厚的凍膠隔絕皮膚與外界。

但是，凍膠本身既無泥膏型吸附油脂的功效，也無撕剝型附著老化角質的能耐。

因此敷面凍要有效清潔皮膚，必須要能軟化角質及皮脂。也就是，藉助敷面凍中的水分及保濕劑去膨潤角質，並使固著的皮脂軟化。

所以，當拭去敷面凍後，一般不覺得有清潔完成的感受。往往必須再洗臉或用擠粉刺的工具，去清除毛孔口已被軟化的皮脂。

❀ 敷面凍成分看這裡

敷面凍的基本架構，是高分子膠、水及保濕劑。或許會加入適量的鹼劑及界面活性劑，目

的是輔助軟化污垢的能力。

❀ 敷面凍清潔力較弱，
卻有益傷口性肌膚使用

與其他種類相比較，敷面凍的潔膚效果自然是不太好，但對於過敏型皮膚及已經化膿的面皰型皮膚，是較爲溫和的選擇。

❀ 敷面凍不爲人知的危險成分

當然想溫和低刺激的清潔皮膚，選擇敷面凍也是一種保障。不過前提是：必須避免使用到鹼性配方或添加高去脂力的界面活性劑配方。

所謂的鹼性配方，主要應用的鹼爲弱鹼性的三乙醇胺(Triethanol amine)及胺基甲基丙醇(AMP，Amino methyl propanol)。當然，還有用氫氧化鈉、氫氧化鉀等強鹼的製品。強鹼性製品，讀者自不宜選用。

界面活性劑，則參考第一篇單元4所列即可明白。基本上含SLS、SLES者刺激性大，能避免最好。

通常，強調敷臉後可以直接用水清洗，或同時可作爲洗面凍的敷面凍，是百分之百含有界面活性劑的。

敷面凍的清潔效果，在無法與前面所述幾種

產品相抗衡的情況下，又爲何能在市面上占有一席之地呢？

因爲較少人會只爲了清潔的目的使用膚面凍。廠商會機靈地拓展商機，重新包裝商品，提升價值感。

例如：將果酸加入敷面凍中，作爲去角質敷面凍。又例如加入抗炎鎮靜的植物萃取成分，以舒緩皮膚作爲訴求。

清潔敷面凍

1. 基本成分：高分子膠、水、保濕劑。
2. 附加成分：鹼劑、界面活性劑、植物萃取成分等。
3. 產品特色：清潔力弱。含鹼劑或果酸者，角質溶解力較佳，但相對具有刺激性。
4. 適用對象：化膿性肌膚、過敏性肌膚、中乾性肌膚。
5. 忌用對象：油性膚質、皮脂污垢嚴重者。
6. 關懷小語：敷面凍用法簡便，但效果可能不如預期。可選擇性地使用，例如選擇含果酸敷面凍，作爲去角質目的的敷臉。

單元4

保養用敷臉製品剖析

最近一則廣告所說的敷面膜，強調使用效果就像到沙龍「做臉」一樣。這一類產品主要指的是保濕面膜。

保養用敷臉製品，最重要的功能就是保濕。對皮膚的價值與擦營養霜是相同的。只不過，以敷臉的方式，看到的保濕效果更爲立即。

因爲敷臉過程，可以有效補充角質層的水分，促進角質水合現象。所以，敷完臉時，擁有水噹噹的膚觸是合理的。

當然，保養性敷臉，功用不只保濕一種。還可以加強其他理療功效，像是美白去斑、治痘、消炎、鎮定、抗老、除皺等。

而實際效果如何呢？此時還不宜下斷言，因爲這與所使用的成分及作用的方式是否合理有關。

❀ 敷一次臉，可以漂亮多久呢？

對一般性肌膚，若適度地去除粗糙角質，又

補足角質層的水分，是能短暫擁有細緻且晶瑩剔透的感覺。當然，這是以自己敷臉前後的膚觸相比較，不是以廣告明星的臉為標準。

為什麼說是「短暫擁有」呢？其實任何的保養品，都只能暫時地改善表皮肌膚的狀況，無法長時間維持。

敷臉效果更是如此。尤其是針對角質層的保濕，角質層既容易以外來的方式補充水分，當然也容易流失掉這些水分。

這個道理，經久待冷氣房或搭飛機的人一定瞭解。在連續除濕的環境中，角質層的水很難不被除去。

所以，保濕性敷臉後，希望效果持續久一些，擦上一層含油脂的面霜，防止水分散失，有絕對性的需要。

❀不同廠牌的敷面膜，效果確實不相同

當然，你也一定發現到：不同等級的保濕敷臉製品，敷出來的效果，以及皮膚水亮的程度是有差別的。

當然，效果會直接反映在價位的差別上。所以有人寧可花多一點錢，選買高價位的敷面膜，以確保效果。

✿ 高價與高效不能劃上等號

讀者不要錯以為筆者誘導你去消費高價位的保濕面膜。你必須要知道，是哪些成分造成效果的差異。簡要地說，是保濕劑的不同。這種不同，包括種類及濃度。

種類差異，例如：使用甘油或者是醣醛酸，其水合能力差距近百倍。而濃度差異，例如：同樣使用醣醛酸，0.01%的濃度與0.1%的濃度，效果當然不同。

消費者比較會被矇蔽的是後者。因為廠商標示成分時，不會註明濃度多少，只會強調含哪些種類的保濕成分。讀者受廣告誘導，買了含有十幾二十種珍貴成分的產品，其實濃度都不高。

所以，並不是種類豐富就是好。這只是廠商挑逗你購買情緒的手段罷了。

廠商願意同時標示成分及濃度，對消費者自然是最好。但化妝品管理條例不若藥品嚴苛，所以沒有人會這麼做。

✿ 延長保養成效的簡易方法──

擦含油脂的乳霜

那麼要怎麼克服選擇上的困難呢？這說來話

長，畢竟好產品的關鍵，不只是使用的成分，還與其他副劑的使用、製造技術等有關。

所以，讀者先不必拘泥於選擇哪一類成分或濃度多少才划算。

有一點倒是可以自己感覺，那就是前面所提的，保養性敷臉後，記得擦上一層含油脂的乳霜，效果自然會好很多。

市面上屬於保養性敷臉製品的種類，也像清潔敷臉製品一樣的，製作成各式各樣的劑型。主要有泥膏型、撕剝型、敷面濕紙巾、敷面凍等數種。茲分別說明如下：

（1）泥膏型保養面膜

泥膏型面膜的優點是：可以清潔、保養同時進行。但顧及效果，仍建議讀者分開訴求。

也就是單純清潔目的時，敷面泥的保養成分可以陽春些；保養敷臉時則選擇高營養成分的敷面泥。在效果及荷包考量上，都較為划算。

純保養的敷面泥，通常所選用的泥膏基質，不用高嶺土之類強調吸脂性的粉體，而是用海泥、火山泥、冰河泥、海藻等，較為天然且富

含營養價值、低刺激性的泥膏。

當然，除了基質的原料價格差異懸殊之外，還考慮到營養成分被強吸脂性泥膏基質吸附掉，無法有效釋出的問題。所以，讀者必須自己先篩選不當的基質。

❀ 泥膏基質本身並非保養成分的主角

有些製品強調使用天然海泥、冰河泥，不添加任何其他成分，標榜純自然。

事實上，光是使用天然泥膏作爲敷臉基質，無法得到合理的護膚效果。

這些泥膏基質，都必須再選擇性的加入保濕劑，才會有補充角質水分的功效。

❀ 敷面劑保濕成分看這裡

保濕劑的種類，主要有：多元醇類、天然保濕因子、胺基酸類及高分子生化類。

其品質及效果是有差別的，有的只能視爲單純的保濕成分；有些則除了保濕之外，還具護膚功效。分別介紹如下：

1.多元醇類

多元醇類的保濕原理，是利用結構中的羥基(-OH)，抓住水分，達到保濕的作用。

這一類成分取得容易，可以大量的工業化製

造，價格低廉，安全性卻很高。缺點則是：保濕效果較容易受環境的濕度影響。環境的相對濕度過低時，保留水分子的效果會下降。

另外，要達到高效保濕的目的，受限於本身的機轉，較難達成。長時間保濕效果也不理想。

對一般年輕膚質，多元醇類的保濕效果其實已經足夠。只有老化或缺水性肌膚必須另求他法。

常見的多元醇類有：丙三醇，俗稱甘油(Glycerin)、丁二醇(Butylene glycol)、聚乙二醇(Polyethylene glycol, PEG)、丙二醇(Propylene glycol)、己二醇(2-Methyl-2, 4-pentanediol)、木糖醇(Xylitol)、聚丙二醇(Polypropylene glycol, PPG)、山梨醇(Sorbitol)等。

2.天然保濕因子

天然保濕因子(NMF, Natural Moisturizing Factor)，指的是皮膚本身角質層中所含有的保濕成分。並非單一組成，主要的成分有胺基酸、PCA(Pyrolidone carboxyl acid)、乳酸鈉(Sodium lactate)、尿素(Urea)等。

天然保濕因子，在皮膚表皮層及角質層具有吸濕性，且對皮膚酸鹼值具有調節功能，親膚

性自然極佳。

化妝品界廣泛採用的並非複合組成的NMF，而是PCA-Na。PCA占皮膚天然保濕因子總組成的12%，保濕效果與多元醇類差不多，但因屬於鹽類，所以入配方的限制比多元醇多。

舉個例子說明，敷面凍可以加入高比例量的多元醇作為保濕劑，但若加入高比例的PCA-Na入敷面凍中，則凍膠會化為液狀。所以，加入濃度受到極大的限制。

不論是NMF或PCA，其與多元醇一樣，同為水溶性的小分子結構，所以保濕效果沒有想像的好。

3.胺基酸類

胺基酸類，說是保濕劑有點可惜。可解釋為高級的護膚保濕成分。胺基酸是蛋白質的單體，生物體的重要成分。

對皮膚來說，具有緩和外界物質傷害的基本功效。適當的胺基酸，對受損角質有協助修復的效果，所以廣被化妝品界所使用。

目前化妝品界應用為保濕劑的胺基酸，有小分子胺基酸(Amino acid)以及大分子量的胺基酸聚合體(Polypetide)。

屬於胺基酸類的保濕劑有蛋白類，例如植物蛋白，大豆蛋白、動物蛋白、水解蛋白等。這一類保濕劑的來源成本較高，所以被視為較珍貴的保濕劑。

蛋白類的保濕劑也有其缺點，除了保存新鮮相當不易，容易受微生物感染之外，自身酸敗現象也極其常見。

是以，除非是沙龍用的安瓶無菌包裝，可以確保不受污染之外，一般直接製作成敷面膜，必須加入較高濃度的防腐抗菌劑來防止變質。也因為如此，有人起過敏現象。

在標榜胺基酸的同時，尚未就其保濕效果做說明。若單純以保濕作為訴求的話，胺基酸類的保濕效果，是無法立即見效的。與前兩種多元醇、天然保濕因子比較，事實上遜色多了。

4.高分子生化類

目前強調高效保濕的產品，主要用的保濕劑就是這一類。

生化類保濕劑，主要取自皮膚真皮層的成分，例如膠原蛋白(Collagen)、粘多醣體又稱質酸(Mucopolysaccharides, Glycosaminoglycans)、醣醛酸(Hyaluronic acid)、醣蛋白(Glycpprotein)及硫

酸軟骨素(Chondroitin sulfate)等。而其中最被標榜的成分是醣醛酸及膠原蛋白。

醣醛酸又稱爲玻酸尿、雄雞冠萃取液，是一種非蛋白質的粘多醣體。本身溶解在水中呈高稠度的透明液體，但稠而不黏。

根據實驗顯示：醣醛酸像強力吸收棉一樣，可以吸收本身重量數百倍的水分。所以，作爲敷面膜的保濕成分，可以在敷臉的短時間裡，讓角質層的水合情形達到最佳極限狀態。

目前化妝品界所用的保濕極品，大概就是醣醛酸了。醣醛酸真的這麼神奇嗎？具強吸水性的醣醛酸，附著在皮膚角質層中，究竟能使皮膚維持多長時間的美好光景呢？

根據實驗數據顯示：剛使用的第一個小時，保濕率爲107%；但三個小時後，保濕率就下降爲51%。所以，最好還是在剛敷完臉時，擦一點含油質成分的面霜，可以延長保濕的時間。

也許讀者會想到：市面上有所謂24小時長效保濕的美容液，就有用醣醛酸爲主要成分的品牌。這24小時是真的嗎？

用過的人最心知肚明。就配方上來看，要有效延長保濕劑的保濕時效是有辦法的。譬如可

以在配方中加入具封鎖效果的高分子膠，有人稱鎖水性高分子。或疏水性的矽氧烷(Silicone)來達成效果。這道理跟擦上油脂性面霜，防止水分散失的作用是類似的。只不過時間上不能誇大到24小時，8小時較爲合理。

另外，膠原蛋白也很被推崇。但因來源必須取自動物，所以除了價格昂貴之外，還受到動物保護者的反對。

事實上，膠原蛋白並非想像中的護膚。膠原蛋白的分子太大，根本被皮膚阻隔在外，無法有效利用護膚成分。因此，膠原蛋白只能作爲保濕劑使用。而不幸的是，保濕效果也沒有預期的好。

目前化妝品所使用的膠原蛋白，主要是水解膠原蛋白，即小分子的膠原蛋白。對皮膚的滲透及保濕效果較巨分子的膠原蛋白爲佳。

化妝品廠商及護膚坊都將膠原蛋白視爲護膚聖品，主要是因價格昂貴，所衍生附加價值感。當然，會有人肯定膠原蛋白敷臉或膠原蛋白保養品，使用效果真的很好。這一點讀者必須再瞭解：面膜或保養品的架構，並非只用單一的膠原蛋白。它的有效性，是其他營養成分

襯托出來的，只不過因爲膠原蛋白名氣大，所以被作爲產品的主角宣傳。

高分子生化類保濕劑，書中所提的每一種都有廠家應用，保濕效果普遍強於多元醇類，又因爲屬於眞皮層組織液的生化成分，所以又增加護膚性的優勢，價格都不便宜。

（2）撕剝型保養面膜

前面提過撕剝型清潔面膜，與現在所要瞭解的保養面膜，其實並無太大差異。

撕剝面膜的重點，在於如何製作低酒精含量，但必須能在合理時間內形成薄膜的產品。當然，低酒精並非難事。難在過量保濕劑的加入，膜就無法形成。

相信讀者一定用過標示上說：只要15分鐘，就可以撕下薄膜。卻等了三、四十分鐘都未成乾燥膜的產品。

麻煩就在這裡，保濕劑加的少，保濕效果顯現不出來，加多了膜很難乾燥撕下。這樣的先天限制，保濕效果自然不能期待。

因爲是保養性面膜，所以配方中不必添加溶

劑或鹼劑，這是與清潔面膜較為不同的地方。此外，配合產品的功能訴求，可以搭配各種理療營養成分。

　　但所有的添加物都必須遵守不得阻擾薄膜的形成，所以，可添加量及種類就會受到束縛。因此，效果上仍然以泥膏狀者為佳。

（3）凍膠型保養面膜

　　凍膠的調製方法，前面已經介紹過。如果把清潔敷面凍膠中的鹼劑及界面活性劑拿掉，就成為道地的凍膠保養面膜了。

　　凍膠類面膜，可以簡單地區分外觀透明與不透明兩類。

　　透明類凍膠，製作上可加入的保濕、營養成分受限較多。特別是無法加入油性護膚成分，所以可用的保養成分，都是水溶性的。例如親水性的保濕劑、植物萃取液等等。

　　不透明凍膠，則可以偽乳化的方式，製成像傳統漿糊般的稠狀外觀。製作上，就可加入各種的保濕劑、營養理療成分。

　　而不論外觀是否透明，凍膠面膜本身的水含

量豐富，所以在保濕性敷臉的效果上，表現極為出色。而能否維持長時間保濕，或只是曇花一現的效果，就取決於使用哪一種保濕劑了。

至於防腐劑的使用，凍膠型面膜也是細菌滋生的溫床，所以，防腐劑的添加量較高。

（4）濕巾保養面膜

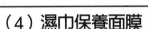

濕巾保養面膜，就是將調配好的高濃度保濕美容液，吸附在濕棉紙上，方便使用者撕開包裝即可用。

目前這類商品持續在發燒當中，售價居高不下，使得要擁有水亮的肌膚，代價越來越高。為何這一類商品，敷完臉後會有「水」「亮」的質感，而其他型面膜就遜色許多呢？

所謂「水」的質感指的就是高保濕效果。敷面凍也可以做到。但「亮」的感覺，必須使用到油脂類的成分，才能造成光線反射的效果。

濕巾面膜的使用，是強調敷完臉不必再做任何清洗動作，所以，可以直接將油脂成分一併混合到濕巾裡，讓敷完臉的同時，就像已經擦上面霜般。這就是其他型敷面膜辦不到的地

方。

如果不能接受濕巾面膜的價格昂貴，以一般高保濕的敷面凍敷臉，最後再擦上保濕面霜也是一樣。或者可利用自己的營養霜，洗個臉，在臉上塗上厚厚的一層，再用敷面紙或保鮮膜覆蓋，效果也會不錯。

說到效果，不能武斷地說濕巾保養面膜，才是最好的選擇。重點是所使用的成分。

濕巾面膜因為強調高效，又有高價格為配方籌碼，所以自然選擇高保濕性的醣醛酸等生化高分子膠來使用。

所以，當你買來的濕巾面膜，一張只要幾十塊錢時，就無法過度期待它能創造美麗動人的肌膚。

而前面所說的應變方法，效果當然決定在所替代的敷面凍或營養霜自身的品質上。

至於防腐劑的問題，則因為包材的進步，可以單片處理成無菌包裝。所以，防腐的問題拜包裝技術之賜，只要在包裝前充分殺菌處理，幾乎不需另行添加。

因此，濕巾保養面膜的使用，無安全性的問題，只有效果好不好的問題。

單元 5

美白敷臉製品剖析

　　據一項非正式的沙龍美容師訪談調查發現：有70%左右的女性，會要求做美白敷臉。

　　有趣的是：進行美白敷臉的客人，不見得是膚色偏黑者。幾乎是不分年齡、膚質與膚色的。

　　由此可見得：白皙無瑕的肌膚，是一般女性的最愛。「美白」成為敷臉製品功能性上，最被期待的效果。

　　在洗面乳單元中，曾提及過美白洗面乳的美白效果，是不能期許的。這主要是因為洗面乳滲透皮膚的深度有限，以及接觸的時間太短，讓美白成分無法有效作用。

　　敷臉雖不若擦保養霜停留的久，但也算與肌膚有較長的時間接觸了。是否在成效上面有所進展呢？答案絕對是肯定的，不過有些要件必須具備，才有機會美白。

　　這些要件第一是：黑色素斑本身，必須是後

天性斑或淺層色斑；第二是，選擇的美白成分要能有效滲入皮膚的基底層。另外，產品最好添加有促進細胞新陳代謝的成分。

針對第一點，黑色素存在於皮膚的深度若過深，在基底層之下，亦即真皮層者，是無法藉由任何美白化妝品改善的。所以，洗臉、敷臉、擦美白霜等都於事無補。

這一類型的黑色素，典型者例如黑斑、雀斑或皮膚老化病變所生的老人斑等。

所謂的淺層斑，主要指的是因日曬引起的曬斑，或因日曬而加重色素的肝斑、雀斑。

日曬斑即使不使用任何美白產品，都可以在自然生理代謝後，回復原來的白皙。所以，只要躲著太陽，大約一個月的時間，就會自然白回來。

肝斑及雀斑，則可以因使用美白製品而有效淡化。注意，並非除去。這種斑，只要防曬做得不好，又會再度使淡化的色素加深。

所以，當你決定要使用美白製品時，必須先考量自己皮膚的狀況，避免不正確的期待。更重要的是，避免無謂的努力及金錢的浪費。

至於第二點，哪些才是有效的美白成分呢？

並不是把所有的美白成分，加到敷面劑裡頭，就會發揮美白效果。

比方說，維生素C具有美白效果，大家都知道，但將維生素C直接加入敷面劑中，可能未來得及使用效果就消失了。

較合理的劑型，應該是將維生素C粉末與調理水分開包裝，待敷臉前，再加以混合均勻。

這是因為維生素C本身不安定，製作成濕狀的敷面劑，會嚴重降低其淡化黑色素的能力。

各種美白成分，都有製作上最佳條件可以掌握。筆者不期待大家都成為製造專家，但對各種美白成分應有基本的認識，才不會老是花冤枉錢。

❀ 美白成分看這裡

以下簡略介紹美白成分的特性。

（1）維生素C

(Vitamin C; Ascorbic acid)

維生素C又名抗壞血酸。是安全有效的美白劑。所謂安全，除了成分本身無毒性之外，對黑色素的美白作用也最為溫和。

維生素C屬於水溶性成分，以敷臉的方式進

行美白，應該添加在敷面泥、敷面凍等，水含量較多的敷面劑中。藉由敷臉的過程，滲透到皮膚的基底層，進行淡化色素的工作。

但是，維生素C容易與外界環境接觸而變質，所以，最好是使用前再另行加入效果較佳。

（2）熊果素

(Arbutin)

熊果素是目前流行的美白成分，親水性，適用在敷臉製品中。具有抑制及破壞黑色素生成的效用。

熊果素的結構含有葡萄糖，所以親膚性極佳，刺激性也比對苯二酚小。但是，長期高濃度使用，對敏感性肌膚仍會造成負面的影響。

（3）麴酸

(Kojic acid)

麴酸取源自米麴菌，安全無虞。本身具有抗菌性，可抑制微生物滋生。

以麴酸為美白敷臉主成分，需注意是否為酸性。且需注意對酸性過敏的膚質，不宜使用。

（4）桑椹萃取

(Mulberry bark extract)

又稱爲桑果萃取、桑皮白、桑枝等。主要萃取自白桑椹的枝幹。具有抑制黑色素生成的作用，安全性佳。

（5）美拉白

(Melawhite)

爲目前較流行的合成美白成分，結構中含胺基酸單體，可阻止體內酵素活化，避免形成黑色素。效果佳且安全。

（6）甘草萃取

(Licorice extract)

甘草中含黃酮類成分，具溫和抑制酪胺酸酵素的作用，可以美白。效果較緩慢，但甘草具解毒抗炎作用，臨床上證實可促進細胞修復。

所以，作爲敷臉成分，除美白效果之外，應可視爲護膚理療成分。

（7）胎盤素

(Placenta)

胎盤素為一複雜的生化萃取物，含有胺基酸群、酵素、激素等物質，作用範圍廣泛。可促進細胞活化，增強色素代謝的能力。因為並非針對黑色素作用，所以效果較慢。

（8）果酸

果酸主要功用是剝離角質加速表皮層的新陳代謝速度，因此有美白的效果。

綜合言之，可應用的美白成分很多種，每一種又各具特色。健康膚質者，可以有較大的選擇空間。

例如，搭配果酸與麴酸、熊果素的產品，是典型的酸性產品，可以有效美白，且促進角質代謝，達到美白且去角質的功能快速。

擔心美白成分不安全者，可以選擇維生素C。搭配口服，效果會較佳。

又過敏性肌膚者，則可以選擇甘草、桑椹萃取等成分，以減少皮膚對酸性製品的負擔。

老化缺水性的肌膚，就適合選擇含胎盤素的

敷臉製品,可以美白並增強細胞的再生功能,改善膚質。

美白敷臉製品

1. 基本組成:與各類型的保養性敷臉製品相同,再加入美白成分而成。

2. 產品特性:酸性製品為含果酸、麴酸、熊果素、維生素C者。

   中性製品為含甘草、胎盤素、桑椹萃取、美拉白者。

3. 適用對象:淺層色斑,膚況健康者。

4. 關懷小語:美白敷臉只能均勻地淡化黑色素,無法重點式地去除斑點。對深層的色斑,則無淡化效果。美白成分只能抑制黑色素生成,視覺上有淡斑效果,實際上,無法去除黑色素。怕黑,最好是注重防曬,其次才是美白。

單元6

鎮定安撫效用面膜剖析

　　以鎮定安撫皮膚爲訴求的面膜，主要的使用對象是日曬過度的肌膚，亦即曬傷的肌膚。

　　這一類肌膚通常被設定爲已經有受傷或發生紅腫的症狀。所以，必須加強成分的抗炎效果或皮膚過敏現象的發生。

　　如果訴諸外用藥膏，可應用的消炎、鎮痛成分當然非常的多，效果特佳者，則經常爲類固醇類。

　　但這一類藥用成分，主要用在治療。對於健康的肌膚，經常使用，會降低皮膚的通透性，使角質肥厚、膚質劣化，有礙肌膚之美。

　　有些強調速效的抗敏化妝品，也會偷偷地添加入藥用成分，用以贏得消費者的好感，這種行爲並不可取。

　　化妝品中可用的鎮定安撫成分，並沒有藥用成分的速效，但對皮膚健康絕對有較高的保障。

讀者必須認識這些成分，才能辨識自己是否需要經常做這一類的保養敷臉。

化妝品用的鎮定安撫成分，主要分兩部分：一是針對受傷發炎的皮膚，進行消炎鎮痛。成分有甘菊藍(Azulene)、甜沒藥(Bisabolol)、尿囊素(Allantoin)、甘草萃取(Licorice extract)、甘草酸(Glycyrrhetinic acid)等。

另一部分則是以植物萃取液為主，具輔助護理的效果，選擇從植物中提取的天然成分，降低可能引發的刺激性。例如蘆薈、甘菊、金縷梅等等。

以目前的商品來看，加入自由基捕捉劑，例如維生素E、SOD、SPD等，防止皮膚被過氧化自由基所傷害，也相當的流行。基於維護皮膚健康來考量，確實有此需要。

而不論其產品外觀為泥膏狀或凍膠，都不能使用加強滲透的物質或鹼劑。若你所看到的製品，是使用鹼劑來調製，那就不值得你選用了。

讀者切莫籠統地歸類鎮定安撫性敷面製品，即是較好的敷面劑。實際上，為了要將重點放在鎮定安撫上，反而保濕成分的搭配、營養成

分的使用，都受到限制。

　因為，皮膚保養的時機，是必須避開受傷期的。所以，鎮定安撫用敷臉製品，不適宜當作保養性敷臉來利用。

　總之，對於沒有起疹子或紅腫、曬傷的肌膚，基本上不需要特別做鎮定安撫的動作，若進行敷臉，則直接清潔、保養即可。

鎮定安撫面膜

1. 基本組成：以泥膏(特別是海泥)或凍膠為基質，加入鎮定安撫成分而成。

2. 產品特性：對曬傷紅腫肌膚，可收消炎鎮痛之效用。效果較明顯者為：甘菊藍、甜沒藥、尿囊素、甘草精。

3. 適用對象：過敏現象、曬傷及紅腫的肌膚。

4. 關懷小語：健康肌膚不需做鎮定安撫敷臉。選擇安撫消炎性敷面劑，應刪除含鹼劑的配方，以防刺激發生。

單元 7

抗老除皺面膜剖析

　　美容師經常會提醒顧客：「要常敷臉皮膚才會漂亮。」確實如此，因爲任何外塗敷性成分，都只能改善皮膚表面的狀況，不能改變皮膚內在深層的結構。

　　所以，要讓皮膚隨時保持最佳狀態，就只有靠持之以恆的保養了。

　　抗老除皺面膜的效用，更印證了這樣的事實。使用期間，皮膚會保持理想狀態，一旦停止使用，很快地會恢復原來的膚質狀況。

　　換言之，再高級的美容聖品都無法讓青春駐足。

　　所以，不論你花多高昂的代價去抗老除皺，基本上沒有一勞永逸的效果。

　　當然，拉皮、注射膠原蛋白等美容醫療行爲，不在化妝品功效討論的範圍內。

　　什麼樣的皮膚狀況算是老？沒有彈性、還是有皺紋，或是乾燥蠟黃？其實都是。

基本上，隨年齡增長而老化的肌膚，若又顯乾燥粗糙，則不止是不容易吸收養分，而且上起妝來也顯浮粉不自然。

所以，對付老化的肌膚，最主要的對策就是：改善乾燥粗糙膚質、加強保濕、促進養分的吸收能力，以及皺紋的淡化。

而方法主要是：先行去除老廢角質，並可藉助經常性的敷臉來提升皮膚表面的溫度，促進血液循環及毛孔的暢通，使保養成分能有效滲入皮膚裡層。

常用的去角質成分有：各種果酸、各種酵素、維生素A酸。

而保濕營養成分則經常使用：高保濕性的醣醛酸、胎盤素、胺基酸類、維生素群等。

茲將抗老除皺面膜常用的各種功能性成分、效用及優缺說明如後：

❀ 面膜抗老化成分看這裡

（1）果酸

果酸用在敷臉上的主要作用，是去除老廢角質。其去除效果，則與果酸濃度、整個敷面泥

的酸鹼度有絕對關係。

濃度高者，可以去角質到皮膚的較裡層，有近似換膚的效果，可以讓膚質有煥然一新的膚觸。

但相對的，刺激性也較大。對於較乾燥的老化膚質，並不適宜使用太高濃度的果酸，這反而會引起皮膚的傷害。

酸度必須維持在pH3~pH4之間，去角質的效果最佳。但偏酸性，會有刺痛感。

所以，有些製品索性把產品調整為中性或近人體肌膚的酸鹼值，表面上克服了刺激性的問題，事實上效果也會因此大打折扣。

另外有所謂的B柔膚酸，即水楊酸，可以同時處理老廢角質，並可以清潔毛孔中堆積的粉刺污垢，讓膚質看來透明些。

不過，水楊酸在配方上有水溶性及脂溶性之分，使用於敷面劑或洗面乳者，多屬水溶性者(例如Silicylic acid)。

雖是水溶性，但對水的溶解度也很有限，所以添加比率就受到限制，約在0.2~0.5%之間。不過水楊酸對酒精的溶解度很大，所以配方中若添加酒精，則可大大地提高水楊酸的濃度。

一般化妝水及撕剝型敷面膜的製作，可以做較高濃度的添加。

而乳液或面霜中，則多使用脂溶性水楊酸(例如：Tridecyl salicylate)，以方便皮膚的吸收。

效果上，以脂溶性較為溫和有效，水溶性者立即刺激較明顯。

（2）酵素

酵素的取源極為廣泛，可以人工培植後再加以萃取，或直接取自天然菌種中。

應用於美容的範圍，主要是促進角質代謝的角質分解酵素。

酵素的優點是沒有果酸的立即酸度刺激，使用感覺較為溫和，而且效果不遜色於低濃度果酸。

使用上，因較無果酸濃度、酸度上的考量，所以對於受傷或長有面皰的肌膚，使用酵素去角質是極佳的選擇。

（3）維生素A酸

維生素A酸的作用，主要是促進細胞再生。

在粉刺理療上，維生素A酸占有極重要的地位，可以促進表皮角化的細胞分裂正常化。因此，皮膚粗糙、皺紋、黑色素沈澱等皮膚問題，都可以有不錯的改善效果。

維生素A酸，則主要爲脂溶性者，所以加入敷臉製品中的效果，可能不及面霜類的製品。

脂溶性的成分，在敷臉製品中無法預期效果，原因是敷臉製品的型態，主要爲泥膏或凍膠類。這些型態大多必須用水來調配，油溶性成分的添加，通常是緩和敷臉時的緊繃感，無法做有效的吸收。

若期望脂溶性成分能順利吸收，則油敷的效果會比較好。否則盡可能選含油脂成分的乳化型敷面霜。

（4）醣醛酸

屬於保濕的成分很多，但「高效」者則鳳毛麟爪。醣醛酸(Hyaluronic acid)是目前最佳的水

溶性保濕劑。據實驗顯示：醣醛酸可以吸含本身重量達數百倍重的水分，並且維持最佳狀態達3~4個小時。

醣醛酸是皮膚真皮層的黏液質，這種成分可以得自其他動物體，目前是利用生化技術，取動物表皮層中的鏈鎖狀球菌發酵得到。

就原料價格來說，醣醛酸的成本較膠原蛋白便宜，但保濕效果，醣醛酸卻強很多。所以，近幾年來，市面上強調高效保濕的製品，不再以膠原蛋白為號召，幾乎都是以醣醛酸(鈉鹽)為主掛帥成分。

（5）胎盤素

胎盤素也是抗老化成分中，頗受青睞的珍寶，是動物胎盤中所抽取出的成分。所含的成分豐富，有多種維生素、核酸、蛋白質、酵素與礦物質等。對細胞確實具有復活的作用，可以有效地改善皮膚老化現象。

胎盤素必須取自活動物胎盤，所以受到保護動物人士的反對。又除了動物保護運動的阻撓之外，狂牛病、AIDS等因素的衝擊，使得胎盤

素更顯珍貴。

愛美人士為了留住青春，對胎盤素鍾愛有加，不只是化妝品的使用，吃胎盤素的事也時有所聞。因為有利可圖，所以市面上，胎盤素的品質良莠不齊、贗品充斥。令人不得不思考：因為愛美而使用胎盤素的社會責任，以及所付出的金錢代價是否值得。

（6）膠原蛋白

膠原蛋白(Collagen)是相當高價位的保養成分。同樣受動物保護運動影響，取源動物體的膠原蛋白極少，所以注射醫療用的膠原蛋白，每毫升價格達數萬元。

目前的膠原蛋白，有些是以生化技術，由人工培養的酵母菌中抽出的醣蛋白來替代使用，稱之為偽膠原蛋白(Pesudo collagen)，功能類似膠原蛋白。

膠原蛋白雖為皮膚真皮層的重要組成，但以外塗敷的方式使用，其作用只能作為保濕劑，無法有進一步改善膚質的功效。

又論及保濕效果，事實上也不出色。雖然化

妝品界大力的推崇膠原蛋白的身價，但實際上，不論入膠原蛋白於敷臉製品中或者是其他保養品中，其效果都很有限。絕大多數要靠其他保濕成分或護膚成分來襯托，其所聲稱的功效才能感覺到。

（7）維生素群

維生素應用於保養品已頗為普遍。主要作為營養理療成分及抗氧化劑。其中又以脂溶性維生素A、D、E用得最多。

維生素A對乾燥及角化異常的皮膚治療效果佳；維生素D則對濕疹、乾燥皮膚有改善；維生素E則為很好的抗氧化劑，對皮膚具有保濕效果。

所以，皮膚科醫師經常開維生素ADE的乳膏給皮膚乾燥、角化異常的病人。

化妝品當然也可以使用這些維生素，只不過使用濃度受到管理限制。

水溶性維生素用在化妝品者，最多的為維生素C，作為美白成分。

除此之外，維生素 B群是極為特殊的保養成

分。維生素B群屬水溶性，主要的生物活性功能為擔任輔酶，參與胺基酸、蛋白質、碳水化合物的代謝。

化妝品最常用的是維生素B_6，對脂漏性皮膚炎和濕疹具療效，且有活化皮膚細胞的功效。

而究竟什麼樣的皮膚狀況或什麼年齡層，需要做抗老除皺面膜的敷臉呢？其實沒有絕對的標準。

就像吃維他命丸一般，談不上絕對需要，又不得不認同這些成分對人體的價值。

抗老除皺面膜，算是提供給皮膚更充足的灌溉，使用後膚況必然有一定程度的改善，只是所費不貲，且無法一勞永逸罷了。

善於精打細算的讀者，其實不需經常依賴高價位的面膜保養。只要選擇清潔性敷臉，再搭配抗老保濕面霜來使用，同樣可以達到改善膚質的效果。

年輕人只要做好保濕、去角質的工作，自然有極佳的膚況，不一定需要使用抗老除皺面膜來保養。

單元 8

果酸敷臉製品剖析

　　果酸製品在第一篇洗臉製品的單元5中，已經提過部分的優缺點分析。

　　對於含果酸的敷面製品，推出的品牌較少，理由不外乎塗敷時立即的刺激性，較無法被一般消費者所接受。

　　根據筆者非正式的調查顯示：有七成的民眾使用過果酸製品，而大部分人選用的果酸產品是洗面乳、化妝水、乳液、面霜類的製品，敷臉製品則不會刻意地選擇果酸成分。

　　先前的單元中曾提過：除了油敷之外，絕大多數的敷臉製品，都是以親水性的成分作為基本組成。所以，含果酸的敷臉製品，也是水性組成，對皮膚的刺激性較為直接。

　　又為了有效發揮果酸的作用，維持敷面製品相當低的酸度是必需的。

　　但這在配方上，就會遭遇到極大的難度挑戰。譬如說敷面泥的安定性、添加的其他理療

成分的活性，甚至是防腐劑的使用等，都必須特別考量是否有配方上的衝突。

假如商品具有市場性，事實上，配方上的困難是可以克服的。問題出在：果酸敷臉，主要應用於沙龍護膚坊，家庭自理型敷臉較無法普及。

所以，一般消費者能選擇的品牌就不多。有的話，都屬於低濃度果酸。也就是使用上較溫和低刺激者，但相對的可以看到的成效就少了許多。

❀ 果酸的濃度與效用的關係

依果酸的濃度來對照其使用成效，可以簡單地說明爲：低濃度果酸，可去除老舊角質。中濃度果酸，改善乾燥粗糙膚質、改善面皰肌膚、淡化色斑及淺層皺紋。高濃度果酸，可做角質層換膚，加速淡斑、除皺效果。

以一般消費者購買到的果酸製品，不論是敷臉製品或保養品，其果酸濃度都在10%以下，此爲低濃度果酸的標準。

因此，在使用期許上，必須定位在「保養」，而非「換膚」。

使用高濃度果酸，必須有專業人員的護理指

導。此專業人員可以指美容師或醫師。

因為高濃度果酸，使用期間可能有諸多的皮膚刺激現象發生，必須有專業人員針對膚況做設計使用，或者在皮膚出現過敏刺激等現象時，對受傷部位做適當的護理。

所以，筆者不建議一般消費者，自行選擇高濃度果酸使用。

10%以下的果酸製品，通行於一般化妝品市場。讀者針對此濃度範圍的製品，最好有基本的認識。

設計上，乳液或面霜等保養品，會分不同濃度等級推出產品，教育未曾使用果酸製品的消費者，從低濃度製品開始使用，再漸進式地增加濃度，以達到果酸的最佳使用效果。

這種使用方式，基本上是對的。讀者只要注意自己膚況的變化，就可以明白效果是否達到。

但要特別注意，就算皮膚沒有任何過敏現象發生，使用果酸製品，仍須在一段時間之後停用，讓皮膚休息一下。

筆者不認為，長期訓練皮膚適應偏酸性的製品，是理智的行為。你不能因為皮膚有自行中

和酸鹼的能力，而長期地使用偏酸性的製品。

至於果酸敷臉製品，其果酸分子的酸度與皮膚的接觸將更為直接。

所以，敷臉的同時，刺激的感覺就會立即感受到。當然，這種刺痛感會在數分鐘後漸趨緩和消失。產生刺痛的原因，就是因為酸度的刺激。

🌸 果酸，具優良的去角質效果

敷臉後，皮膚的角質會有相當程度的剝落。其角質代謝的效果，強於其他成分的清潔敷臉製品。

對於因皮膚粗糙而顯乾糙、缺水現象的膚況者，使用果酸敷面製品，可以有明顯的改善效果。

對於面皰型肌膚，非發炎、化膿者，使用果酸類敷臉也可收改善之效。老廢角質不堆積、皮脂代謝改善，毛孔中的痤瘡桿菌不易增生。

對於油性肌膚，果酸敷臉較不會發生立即過敏的現象。

但並無理論證實果酸敷臉，可以調理油性肌膚的說法。

至於過敏性肌膚者，建議不要使用。如果仍

想一試，則需先做好準備。在膚況健康時才敷臉。使用前先在皮膚上擦些抗敏性的化妝水或薄薄的乳液，使用後再擦上鎮定、消炎化妝水。

最後，對果酸敷臉應有正確的期許。**果酸敷臉的絕對效果，展現在去角質上。**但也不是敷一次，就能完全解決角質過厚的困擾。

對於果酸具有美白、淡斑、治療面皰性肌膚的效果，其實不該從果酸敷臉上去期待，應該是從每天使用的保養品上去選擇才是。

無須拘泥於果酸的種類

而至於果酸的種類對效果有無影響？這一點，消費者是無法以經驗法則判斷的。

若以分子大小來比較，小分子的果酸滲透的速度最快，去角質的效果也最佳。

但配方不能只看其一成分來論斷效果。譬如說，使用小分子果酸，但酸度不夠，其效果仍會不佳。

至於複合果酸，廠商一直強調多重果酸的搭配，其對皮膚的刺激性較小、效果也較好。

事實上，實驗數據的差異並不大。也就是說，消費者不需花力氣在瞭解不同果酸分子的

作用上。

　因爲果酸的效用，不全在於本身的分子大小和種類，而主要是配方製作時的濃度和酸鹼度。

單元9

酵素敷臉製品剖析

談到酵素(Enzyme)，針對食品、消化、吸收，一般人覺得很熟悉。但放到化妝品的領域，一般人對酵素的印象是很特別的，對它的作用有點陌生，但又莫名的推崇。這種感覺，無非是受到酵素在人體營養吸收上所扮演正面角色的影響。酵素在化妝品上，對皮膚的作用是否真的很神奇呢？

❀ 酵素敷臉的優點

酵素應用在化妝品上，最被稱許的應該是副作用少。因為酵素的行為，具有高度的專一性。

譬如說：脂肪分解酵素，只執行協助脂肪分解的工作，不會有其他附屬的功能或反應。所以在化妝品應用上，十分的安全方便。

化妝品常應用的酵素，主要範圍在保養品上。像是清潔類製品、敷臉製品及營養霜等。

清潔類，主要是以酵素協助去角質的作用。

常用的有木瓜、鳳梨酵素等的角質分解酵素。當然，這一類去角質酵素，也會應用到清潔敷臉製品中。

酵素在表皮的溫和條件下，能有效發揮催化作用，達到清潔臉部的效果。所以，清潔目的的酵素，還常應用到蛋白分解酵素(Protease)、脂肪分解酵素(Lipase)。一般視廠家的配方訴求，增減使用種類。

❀ 酵素在保養上的功效

敷臉類，則除了清潔敷臉，會利用上述角質分解酵素之外；在保養性敷臉配方上，則會使用胎盤酵素(Placenta enzyme)、過氧化歧化酵素(SOD)、麥拉寧分解酵素(Melanin degrading enzyme)等。

前已提過，酵素的行為是具專一性的。所以，保養用酵素，其所發揮的功效各自不同。

以胎盤酵素而言，可以活化皮膚促進膠原蛋白及彈力蛋白的合成。

麥拉寧分解酵素，則直接利用酵素，阻止黑色素之形成。

過氧化歧化酵素則可抗自由基生成，防止皮膚老化。

　　酵素在化妝品的利用會越來越普遍，一則溫和安全、效果快，二來酵素的取得已可靠生化技術大量的培養微生物生產。

　　目前市面上聲稱含酵素的產品，消費者要注意的是廠商的製作技術。因為酵素入配方中，所處的環境若不安定，容易讓酵素的活性退化，降低了原有的效果。

　　再者，酵素的濃度直接影響其效果，濃度太低效果自然不佳。此外，酵素的作用條件對酸鹼度特別敏感，在不當的酸鹼條件下，無法發揮作用。所以不要與其他產品混用。

單元 10

凍膠類敷臉製品剖析

凍膠類敷臉製品，在單元3、4清潔保養面膜中已經概略提過。

凍膠面膜的基質，是利用高分子膠作為增稠劑，使製品擁有如拌三明治的果醬般的質感及觸感。

凍膠的組成

可以形成凍膠的高分子膠種類有很多種，大致上可分爲合成與天然的。在安全性及使用便利性上，並非天然的就絕對安全或占優勢。這一點是值得讀者先認識的。

因爲一般的認知：相信天然必然較好、較安全。實際上，天然膠質必須先克服易滋生微生物、容易氧化變質的障礙。對添加物的酸鹼度、物理性質等，都有相當的配方禁忌要遵守。

所以，強調以天然高分子膠爲凍膠的製品雖不少，事實上配方上是動過手腳的。

目前穩定性較佳的是海藻膠，當然海藻還含

有其他活性理療成分。

合成的高分子膠普遍被使用，是因為可以自由的調整種類。調整種類的原因是：1.可以創造透明度，2.改變觸感，3.使用的活性成分廣度較大，4.安全性高。

以如此教條式的說明，不容易被讀者接受。

❀凍膠基質學問多

換個比方說，Carbopol(或Carbomer)系列高分子膠，可以調成酸性配方、鹼性配方、中性配方，可以創造高透明感的果凍外觀、可以調出魚翅羹般具流動性的凍膠。

但無法應用在高油度及高鹽類的配方中。

所以，如果你的敷面凍成分欄上介紹的高分子膠，用的是Carbopol(或Carbomer)的話，那表示其所含的親水性保濕劑是很少的。

像是生化醣醛酸、甘草酸、PCA、膠原蛋白、彈力蛋白等，都是以鹽類的方式利用，就無法有效地加入。

可以利用的是多元醇類，像甘油、丙二醇、丁二醇、PEG等。植物萃取液也多含鹽類成分，所以無法加太多。

常見的合成高分子膠還有：纖維素膠

(Hydroxyethyl cellulose、Methyl cellulose、Carboxymethyl cellulose)，但礙於膠質本身的性質，調出的凍膠具流動性，只能搭配使用。

屬於天然膠質者有：阿拉伯膠、果膠(Pectin)、海藻膠(Sodium alginate)、山羊膠(Xanthan gum)等，常用的爲果膠與海藻膠。

凍膠的透明度與品質無關

選擇凍膠類保養面膜，其實不需拘泥於製品的透明度。

因爲高透明度的代價是低活性成分。理由是活性成分添加過量時，往往會濁化透明的外觀，甚至是使透明膠水解了。

也因爲如此，一般透明凍膠，其活性成分不高，僅能做角質層的保濕，無法長效保濕。使用理想上，可能定位在安撫、鎮定、消炎上，較爲恰當。

若不執著於透明，其實凍膠的製作，就不見得受制於高分子膠，反而可以像製作面霜般的自由揮灑。

換言之，成分上可以照顧到親水性的保濕成分，也能兼顧親油性的護膚成分。可謂兩全其美。

單元 11

海藻敷臉製品剖析

海藻萃取(Seaweed extract、Alage extract)應用於化妝品，主要的製品就是面膜。

❧ 海藻成分的充分利用

海藻的萃取物，大多數是經由熱水浸泡的方式取得。又因為富含天然膠質，所以可作為增稠劑使用。

海藻敷臉製品，正好可以搭配海藻膠及海藻本身的粉碎物為基質，製作出特殊的海藻泥。

海藻萃取入保養品成分，已經不是新鮮話題了。但是被認同的程度不因時日久遠而衰減。依產品的市場壽命來看，歷久不衰的商品，應該具有相當的美膚效果。

事實也如此。研發者不斷地提取各種海藻中的成分，做有效性分析，企圖尋找最佳的護膚成分。

但並非各種海藻，都具有如商品廣告般的宏大效果。海藻受歡迎，也與其溫和無刺激性有

關。所以，適用膚質廣泛。

🌺 海藻具多重效用

至於作用呢？海藻萃取是過去極爲廣用的通稱，對海藻的說明普遍是：「富含胺基酸、維生素及微量元素」。

其實這種說法已經落伍了。

以今日的技術，已可將海藻萃取所得的成分加以區分了。也就是說，不同的海藻萃取成分，其活性是不相同的。

所以，消費者不能以含有「海藻萃取」這麼籠統的字句想像它應有的功能。

舉例來說，海藻區分爲綠藻(Chlorophyta、Chlorella)、褐藻(Phaeophyta)及紅藻(Rhodophyta)三類。

其中褐藻的萃取物Algelex，有類似脂肪分解酵素的活性，普遍運用在減肥塑身產品。

另外，綠藻萃取物，稱之爲「綠藻生長因子」(CGF, Chlorella Growth Factor)，爲含有硫原子之核苷酸生肽多醣體，可以提高細胞的活力，促進細胞新陳代謝，有效改善肌膚質感。

在保濕的功效上，海藻抽出物Codium algae，據稱可以長效保濕。保濕原因是：所含的硫化

藻膠(Sulfated phycocolloids)可與皮膚中的角質蛋白形成保護壁，可有效避免自身保濕因子的流失。

在抗老化的貢獻上，海藻也有正面價值。

海藻抽出物AOSA，被證實具有類似抑制彈力蛋白分解酵素的活性，可以抑制皮膚老化，並有促使纖維芽細胞增殖的作用。

持平而論，海藻今日的身價是貴在含天然酵素上，而非傳統印象中的稀有微量元素。

當然真正效果如何，必須使用者才能評斷。筆者自來都很肯定任何活性成分的作用，因為這些活性成分都是科技之下，科學家辛苦投入研究發現的。

但扮演一個說真話者的角色，有責任提醒讀者：再好的活性成分，都必須搭配適當的方法，才能以塗抹的方式讓皮膚吸收，達到改善膚況的效用。

這道理跟敷雞蛋相同，不是打顆蛋敷在臉上，就表示蛋白質能被皮膚吸收。

而有關於促進經皮吸收的方式，其實跟醫藥界所使用的外塗敷藥膏，所面臨的問題是相同的。

差別只在於：藥膏的目的是在治療，所以較為強調促進吸收的效率。保養品則主要目的為保護皮膚，所以還要考量促進吸收手段本身，是否違反護膚原則。關於這些問題，筆者保留到第四篇保養品中再詳細說明。

第四篇
保養品

單元 1

什麼狀況該保養？

❧ 保養不是隨心所欲為之

最隨興的保養觀是：想保養就保養。但是除非天生麗質，否則隨興絕對沒有保障。

有一種人，喜歡隨心情及經濟能力購買各式保養品，使用的種類有來路不明的、有名牌高價位的、有親朋好友送的、有自己選擇的、有美容師推薦的等等。使用方式則依情緒而定，有時來頓豐盛的、有時餓肚子也在度日。

也許你還年輕，可以恣意而為；但可千萬要祈求老天爺疼惜，讓你不要老，因為老了會很難看。

❧ 保養與否，如何決定？

所謂「保養」，最誠實的說法是「皮膚缺什麼就補充什麼」。

換句話說，皮膚不缺的，給了也是多餘。有時候還會招致其他新的皮膚問題，也就是一般所說的：「不當的使用高營養成分來保養，反

而增加皮膚的負擔。」

　　當然「什麼時候該保養？」的問題，就定義在你的皮膚缺不缺養分？不缺，可以什麼都不做。

　　常聽到朋友間互問：「妳是怎麼保養的？」

　　一般人均認為保養方法不同，可以創造肌膚美的奇蹟。因此，大夥兒喜愛探究漂亮明星的保養秘招，也就不足為奇了。

　　其實保養方法，大同小異。

　　專櫃美容師可以指導你保養方法，美容專書也會告訴你，甚且姊妹淘們會互相教授。而你真的在效法他人秘笈之後，變漂亮了嗎？

❀ 保養方法可以相同，

保養成分則因膚況而異

　　不論你的答案是什麼，你可不能把保養的方法與保養的成分混為一談。

　　因為保養成分的需求，是因人而異的。而對同樣的你，不同季節、年齡及膚況，都還有調整保養成分的空間。

　　所以，保養方法可以仿效他人見解，保養品的選擇，則只能自己多費心了。

　　這麼說來，你又興趣缺缺了。因為大多數的

人膽怯面對選擇、不想花時間自我瞭解。習慣把自己的問題拋給別人，而別人就是你所謂的專家吧。

❀ 化妝品好壞，皮膚最瞭解

或許換個說法，可以讓你信心面對自己，成為自己的專家。其實：「皮膚會自動告訴你，什麼是她要的保養品，什麼是她拒絕、多餘的成分。」

此話怎講？簡單舉例。

油性皮膚，用了過油的保養品，會有不舒服的直覺，且容易引起面皰的發生。這表示皮膚不缺油，毛孔油脂代謝受阻塞，才會長面皰。所以，你應降低保養品油度，或使用皮脂調理成分。

又例如乾燥皮膚，使用的保養品保濕度不夠，擦了之後，表皮性皺紋仍然爬滿臉，粗糙膚質依舊。這表示保養成分要油、水一起來，也就是親水性保濕劑的使用等級要提升，親油性的保水油脂，則要選擇具角質修復作用者。

又如粗糙膚況，使用果酸或A酸仍無法改善。那表示非只是角質肥厚的問題，應該改以維生素、胺基酸或抗氧化的護膚成分，來修復

角化肌膚。

當然還有特殊問題皮膚、敏感性皮膚等等，產生的症狀各不相同。

讀者可先分析一下，自己過去所使用的各種保養品，以及皮膚所發生過的問題，歸結自己的膚況，才能找到適合自己的保養品。

而與其上街去，漫無目標地尋找品牌，倒不如先做點功課，洞悉一下，不斷推陳出新的護膚成分，究竟價值如何？功效好不好？才不會一上街就又被新產品給擊潰信念，任由擺布。

而至於成分的資訊，直接從化妝品的廣告單獲得，其實並不恰當。請記住：廣告是要挑起你購買的欲望，不是在做教育訓練。

使用保養品應有的科學概念

　　大部分的人都相信：便宜沒好貨。所以，愛面族買保養品，通常不會跟荷包過意不去。

　　這種行為也足以證明，每個人都希望做「有效保養」，不想徒勞無功。至於「貴即是好」的邏輯，在讀者看完本書之後，自會有新一層的認識。

🌸 有效率的保養，應有的配套措施

　　其實保養觀，除了保養品的選擇，應該下功夫之外，其他保養程序的配套也很重要。

　　所謂配套，針對化妝品的使用來說，是指卸妝、洗臉製品的選擇以及避免刺激物的使用。

　　卸妝、洗臉產品的選擇，在第一、二篇已經有詳盡的闡述，在此不再贅述。

　　真正的護膚，不能等待皮膚出現問題，再去探討原因收拾爛攤子，而是要相信科學提出的證據。

　　意即，任何有效、安全的成分，都應有科學

的評估才能相信。

一些具隱性傷害的成分，因為對皮膚的負面作用不是那麼的立即，所以要注意相關的研究報導。

只要有研究結論證實對皮膚不好，即應謹慎過濾，不去碰那些危險的成分。

例如前面提過的鹼性洗面皂，你不能貪圖好洗，認為先洗個舒服的臉，再來好好保養應該無傷大雅。

研究數據顯示：鹼皂是所有清潔成分中，最易與皮膚角質蛋白結合的清潔成分。角質蛋白常常因而變性，造成皮膚免疫功能減退、皮膚自體酵素無法有效發揮作用。

你若能預先瞭解到這些可怕的傷害，相信下次要使用之前，會三思而後行了。

至於避免使用刺激物的意思是：不要過度使用具特殊療效的產品。若必須使用，也要經過選擇。

像是防曬成分、美白成分、抗痘成分、去角質成分等，都潛藏著危機。為達目的不擇手段的保養品，充斥在市面上。

所以，心態上不能認為能美白就好；可以治

療痘痘，多貴我都願意。後續的保養品剖析單元，會陸續提到這些，不爲人知的刺激成分。

❧ 有好成分，爲什麼沒有好效果？

再者，你一定碰過這樣的現象：兩種成分標示幾乎相同的保養品，使用評價就是不一樣。

筆者所說的成分相同，指的當然是化妝品DM上所標榜的營養成分。

譬如說：大家都含珍貴的胎盤素、神經醯胺(Ceramide)、維生素A酸，但有的品牌使用後，膚質並無明顯改善。

這種現象，除了與添加的濃度比例有關之外，還與是否加入協助吸收的促進劑有關。

保養品若能速效，品質口碑自然不脛而走。

各廠家所使用的速效手段並不相同。最低層次，也是最常見於一般保養品中的手段是：加入合成酯類。

絕大多數的合成酯，對細胞都不具正面的保護價值，甚至可以說，對皮膚健康有害者不少。

使用高級保養品，最好先篩選、濾除十四酸異丙酯(Isopropyl myristate)及十六酸異丙酯(Isopropyl palmitate)。這兩種酯類，目前負面

報導不少。更小心的作法是：不使用含合成酯類的高級保養品，不讓皮膚承擔受損的風險。

🌺 有效保養的推手

也許你會產生疑問：為什麼加入合成酯，就會有速效呢？

事實上，這一類成分可稱之為「*穿皮吸收促進劑*」。在外用藥膏的應用上，穿皮吸收促進劑的使用，是極為普遍的。

有些皮膚疾病用藥，很難穿越皮膚障壁，為了傳遞藥物達到有效治療的目的，所以製藥業同時研發、尋找強效穿皮吸收促進劑。

讀者必須瞭解：藥物與保養品的使用目的是不同的。前者重在治療，只要能有效治療疾病。穿皮吸收促進劑，本身是否護膚的考量，是可以被忽略的。

保養品的目的，則是在創造肌膚美，當然不能不考慮，速效促進劑本身的安全性。

未來化妝品所使用的促進劑，應會朝精油的添加來發展。讀者可以多注意這些優質的成分。

精油屬於單環Terpenes化合物，也有極佳的促進效果，加在保養品中還可替代香料，具自然之芳香。像是檸檬、薄荷精油，都極被推薦。

分齡保養與依膚質保養

🌺 分齡保養有必要

化妝品依不同年齡層的需要來設計，除了網羅所有可能的商機之外，確實有分齡使用的必要。

但分齡使用，在彩妝製品上就較具彈性。

彩妝類製品的使用，較為明顯的差別是：不同年齡層慣用的顏色不同。色彩可以表達年輕、成熟或嫵媚。但色彩化妝品，在不涉及保養目的的前提下，以現代人的眼光來看，並沒有分齡的絕對性。

🌺 並非每一種化妝品都得分齡

真正必須分齡的化妝品，不是洗潔類或彩妝類製品，而是保養品。

電視上的廣告曾這樣訴求：「使用某保養品後，肌膚變得像嬰兒般細緻柔嫩。」以及「使用嬰兒保養品後，肌膚回復如嬰兒般細緻。」這兩則廣告，前者可視為誇大不實，後者卻嚴

重錯誤。

保養品可以創造優質膚觸，但指的不是嬰兒保養品。這種廣告，說難聽點，是沒有商業道德。令消費者錯以為：嬰兒保養品，可以讓皮膚返老還童。

基本上，有足夠能力閱讀本書的讀者，絕對沒有使用嬰兒(或說兒童)保養品，就足夠補充皮膚所缺養分的條件者。

所以，你若還在使用嬰兒用品期待美麗，實在該踩剎車了。

不同年齡層的皮膚生理狀況，有一定程度上的差異。

譬如說：10歲左右的孩童，細胞分裂能力特別旺盛，即使過度的曝曬於豔陽底下，只要終止豔日照一段時日，皮膚就能自然代謝掉黑色素，恢復原來的膚色。

這種得天獨厚的狀況，到了約20歲以後，就無此能力代謝復原曬黑的皮膚了。而希望能早些恢復白皙，就只能靠其他方法了。

從黑色素的代謝，可明顯地表現出幼兒與成年人，代謝能力之不同。而皮脂的分泌量，則特別旺盛於青春期的年齡層。

青春期受體內賀爾蒙分泌量增加的影響，體內皮脂分泌旺盛，稍微疏於清潔，毛囊就容易堆積殘敗油脂。症狀輕者，長黑頭粉刺、油光滿面；重者，則造成毛囊發炎、面皰滋長。

因此，這時期談護膚，首要清潔，除去臉上過剩、殘敗的油垢最為重要。

其次是選擇適當的油脂調理成分、去角質成分、防面皰成分等配合使用。

✿ 即使是宮雪花也要服老

三、四十歲的膚況，皮膚從成熟期，轉趨衰退期。

膠原蛋白、彈力蛋白、細胞間脂質、纖維芽細胞等均逐漸地減少。皮膚失去彈性，鬆弛、暗沈、皺紋、斑點、粗糙伴隨而至。

護膚成分的需求，必須轉消極的保護外界刺激為積極的補充不足。

這時既要解決已經形成的問題，又要追求亮麗的膚質。所需要的成分，當然有別於年輕膚質。

皮膚生理自然運行老化，不是否認就可以阻止的。所以，分齡保養勢在必行。誰都無法自欺欺人地說：永遠不老。絕對沒有一種保養

品，適合你一輩子使用。

🦋 不選擇超齡或低齡保養品

會一直用嬰兒護膚品的人，除了對膚質的改變，尚未有所警覺之外，恐怕是誤以為嬰兒用品，質純、溫和、無刺激，是最好的保養品。

同樣的，喜歡使用超齡保養品的人，除了憂患意識較重之外，可能是誤以為提前保養、施肥、灌溉，可以延緩肌膚老化、使肌膚更美。其實兩者都不恰當。

🦋 一定要分膚質使用保養品嗎？

保養的另一重點是：依膚質狀況保養。

這種觀念，其實已經根植在一般仕女的心中很久了。筆者不準備再顛覆你的信念，只想在你的認知裡再加入一些元素。

所謂的膚質，雖因人而異無法絕對歸類，卻也可大略區分為油性、中性、乾性，和所謂混合型、敏感型肌膚。再搭配年齡層與個別皮膚問題，這交叉組合之後，膚況可以有十幾二十種之多。

看來學問真的很大，一定要找專業美容師分析後再說了。

護膚學問真的這麼大嗎？站在化妝品製造的

角度上來看，至少筆者不以為然。

開門見山地說，保養品成分的主架構都是一樣的。就是由各種保濕成分組合而成。

保濕成分分為油性與水性兩種。所謂油性膚質專用，就是將保養品中的油脂比例降低的製品。反之，油加多了，就成為乾性膚質適用的保養品。

針對特別需求，可以在保養品中，加入油脂調理成分、去角質的成分，或其他營養理療成分。

保養品的賣點，往往在這些少量的添加成分上。而事實上，保養效果的差異，在於所使用的保濕成分種類上。

保養品的價格，除了反應效果差別之外，品牌、廣告的附加價值也不少。

而雖然每一個品牌，都為不同膚質者，量身定做了配套的保養品。但是，這不等於你必須照單全收。

事實上，這些添加成分的護膚價值與需要性，並無廣告所說的那麼神奇。

因為，有時候看似完整的產品搭配，其實是個幌子。

　　這道理有點像到餐廳吃酒席，一桌可以三千、五千甚至一萬元。同樣是12道菜，內容雖不同，但看起來該有的都有。聰明的饕客，懂得單點好菜。

　　讀者應該知道，自己的臉是油性的或乾性的，配合年齡及特別膚況，像是易過敏、長面皰、很粗糙、暗沈無光等需要，再循以下的單元，找到適合自己的保養成分與忌用成分。

　　這樣，才不會受困於品牌之中，可以輕鬆地選擇想要的保養品，看到期待中的效果，自信做好保養。

單元4

乾性肌膚專用保養品剖析

　　為乾性肌膚設計的保養品相當的多，一般以缺水又缺油的情況最為常見。所以，保養品成分中，除了親水性的保濕成分之外，還會使用較高比例的油脂。

　　或許乾性肌膚者，多數能接受皮膚覆被一層油膜的感覺，使用後會覺得那是滋潤感。

　　但偏偏筆者就碰到不少乾性皮膚者，不喜歡油油的，包括筆者自己。

　　一般來說，討厭油膩感的乾性皮膚，在選購保養品時會有些困難。因為絕大多數的乾性肌膚用產品都偏油，造成選購上的困擾。

　　其實，你並不需要循規蹈矩，受制於固定模式的產品。目前有很多乾性肌膚用保養品，是不油膩的。

❀ 即使同為乾性皮膚，保養品也有差別

　　在討論產品成分之前，應該提醒你：再確認一下膚況。

乾性皮膚，可能有：1.角質偏薄，2.角質粗糙，3.易過敏起疹子，4.長面皰等個人狀況。

還有年齡層的差異也要注意，20歲的乾性肌膚，與40歲以上的乾性肌膚，選擇成分上應有層級之別。

角質偏薄者，皮膚自身的保水性普遍不佳。但若保養得宜，外觀膚質則顯得格外細緻透明。所選用的保養品，以含適量油脂的乳霜類較爲適合。

若考量年輕與年老肌膚的差別，年輕者所使用的油脂可以選擇不黏膩、安定性佳的荷荷葩油、紅花油、葵花油等搭配。既清爽又不會長面皰，保濕效果也足夠。

年長者在油脂的搭配上，應考量到皮膚自身修復、再生的功能已逐漸降低，所以宜選擇：具修復角質效果的月見草油、琉璃苣油、夏威夷核果油等較爲理想。

對於乾性粗糙的肌膚，基本上若只加以保濕，不論用的是水性或油性保濕劑，都不足以改善皮膚粗糙的現象。

粗糙本身，可能因爲角化異常，或皮膚起疹子過敏反應後所留下的傷痕。要改善這些觸感

不佳的肌膚，順其自然的等待，當然也可以。

較為積極的作法是：去角質。水楊酸、果酸、去角質酵素粉等，使用在這兒效果都不錯。

修復粗糙乾燥肌膚，除了使用高含量的不飽和油脂之外，油溶性胺基酸、神經醯胺等成分，也是必要的選擇。

❀ 乾性過敏型肌膚，應有的認識

易過敏的乾性肌膚，也是極為頭痛的肌膚型態。

過敏型肌膚，可能是得自遺傳，也可能是不當使用化妝品造成的。

不論如何，很少有消費者，會到醫療院所去尋求醫師，協助找出所謂的過敏原。

一般人會因為使用清潔用品或保養品，臉部起紅斑或發癢等現象，而認為自己屬於過敏型膚質。

其實這就是敏感的簡易判斷方法。因此在選擇保養品時，要比一般乾性肌膚者多一道防線。而該怎麼做呢？

筆者常建議：「過敏性肌膚或受傷肌膚，可能的話不使用化妝水，洗完臉後直接擦保養霜。」

這麼建議的原因，主要是因為化妝水的成分

中，經常加入可溶化劑、色料、香料、防腐劑等成分。

可溶化劑，其實就是界面活性劑。可以幫助化妝水中的保濕成分，滲入角質層。

對於健康肌膚，可溶化劑的使用，當然沒有立即的不良作用。

但是，可溶化劑會降低角質層的防禦能力，使成分更易於滲透。若成分中含有色料、香料及防腐劑，那麼就極可能引起過敏反應了。

乾性過敏型肌膚，選擇保養品時，對於含果酸、維生素A酸、美白及防曬成分，都要格外注意。基本上，平時沒有必要，不使用含這類成分的保養品。

此外，過敏肌膚可以更積極地選用強化皮膚自身免疫能力的成分。只有健全的防禦，才能創造健康漂亮的肌膚。

乾性面皰型肌膚，應有的認識

長面皰也不是油性肌膚者的專利，乾性肌膚者在青春期或不當的化妝，也常見面皰的發生。

由於肌膚缺水、角質偏薄，所以保養品的選擇，除了油水並重之外，應注意所添加的面皰

理療成分。

　避免使用可能導致皮膚乾燥的硫磺、水楊酸、雷索辛，宜選擇溫和抗菌的茶樹精油或低濃度的維生素A酸保養霜。

　以上所述，都還是籠統的概念。以下針對各類常見於乾性肌膚配方中的水性保濕劑、油性保濕劑做詳細介紹。讀者可以從其中思考哪一種才適合自己。

🦋水性保濕成分看這裡

　有關水性保濕成分，請讀者再回頭參閱第三篇單元4，保養用敷臉製品剖析，第133至138頁。

　最常見的水性保濕劑，是多元醇類與天然保濕因子。這兩類保濕劑，分子小，對水的溶解度大，可以高比例地加入製品中。當然，價格低廉也是原因之一。

　然而，便宜不一定是缺點，不要先瞧不起甘油。甘油與其他高分子型保濕劑共用時，可以讓保濕效果更出色。

　高分子水性保濕劑，例如生化醣醛酸、膠原蛋白等。基本上因為分子量大，對水的溶解度小，以1%濃度利用，塗擦在臉上，乾燥時會有

脫屑現象。

　所以，即使是高效保濕美容液，都需與多元醇類相混合，且所使用醣醛酸的濃度，幾乎無法超過0.05%。

　筆者針對各成分的適用性，再做整理如下。

（1）甘油

(Glycerin)，學名丙三醇

　屬於天然的成分。是最普及化的保濕劑，對皮膚安全性佳，不致引起皮膚過敏、不適等現象，各種膚質均可用。

　甘油化妝水的保濕效果，在剛塗擦的前一兩個小時短時間內，保濕效果不錯。

　但較易受環境的相對濕度影響，當空氣中的濕度低時，保濕效果就明顯變差。

　追求長時間的保濕，其效果亦不佳。

　所以，如果你是年輕、健康的肌膚，只是需要角質層的濕潤，甘油是可以選擇的。

　你必須再注意的是：甘油本身的功效，只有保濕，亦即使角質層維持水合狀態。甘油不是積極的護膚成分。

　所以，不能期待擦甘油化妝水，可以得到光

滑細緻的膚質。

兒童用的保濕乳液，最常選用甘油來與植物油搭配製作。

理由很簡單：因為兒童的皮膚很健康，只需防禦多天的乾燥即可。因此配方中的成分，力求簡單、安全、無負擔。甘油正好符合這樣的設計原則。

現在你應該知道：兒童用的乳液並不適合大人了吧。

❀ 與甘油功效雷同的成分

與甘油有類似效果，相同保濕原理的保濕劑，我們通稱為「多元醇」。這一類原料常見於保養品中，有丁二醇(Butylene glycol)、聚乙二醇(Polyethylene glycol, PEG)、丙二醇(Propylene glycol)、己二醇(2-Methyl-2, 4-pentanediol)、木糖醇(Xylitol)、聚丙二醇(Polypropylene glycol, PPG)、山梨醣醇(Sorbitol)等。

這些多元醇與甘油的主要差別在黏度上。

甘油較為黏稠，所以常搭配其他較低黏度的多元醇來改善觸感，降低黏度。但以取源及安全性來考量，多元醇類相較之下，甘油仍是較佳的選擇。

（2）天然保濕因子

(NMF, Natural Moisturizing Factor)

天然保濕因子，主要的成分有胺基酸、PCA(Pyrolidone carboxyl acid)、乳酸鈉(Sodium lactate)、尿素(Urea)等。

天然保濕因子具有吸濕性，且有調節皮膚酸鹼值的功能，親膚性極佳。

其實親水性的保濕成分，都只是停留在角質層保濕。其對皮膚的價值差別，在於是否還有其他護膚的作用。

天然保濕因子如此的受青睞，其價值當然不止於單純的保濕功能。若單獨以保濕效果來衡量的話，其效果大概強不過甘油。

一般均認為，使用成分組成與皮膚自體保濕成分相同的保濕劑，在刺激反應上，自然較無風險。

事實上，除了無刺激之外，天然保濕因子，還有維持角質細胞正常運作的功能。所以，保濕性的化妝品，或多或少，都會加入一些天然保濕因子。

化妝品界常以PCA-Na替代天然保濕因子。此乃因為PCA占皮膚天然保濕因子總組成的

12%，且保濕效果，明確地優於其他天然保濕因子的緣故。

（3）醣醛酸

(Hyaluronic acid、Sodium hyaluronate)

醣醛酸又名玻尿酸、玻璃醣醛酸、雄雞冠萃取液。

現在原料界，又開發了乙醯基化醣醛酸(簡稱AcHA)，乃是將原來醣醛酸的結構，以合成的方法接上乙醯基。乙醯基爲親油性的結構，可以再增強醣醛酸的保水性能，使保濕效果更優越。

醣醛酸爲人體眞皮層中的重要黏液質，具有極強的吸水性，可以吸收數百倍於本身重量的水分，被譽爲目前最佳的保濕劑。

又因爲化學結構，屬於非胺基酸類的保濕劑，而無任何特殊的原料臭味，入保養品配方中極受好評。

❀ 能使皮膚更加水嫩的醣醛酸

事實上，以醣醛酸的保濕機轉來評價，應稱其爲「增濕劑」才恰當。

醣醛酸附著於皮膚上，可吸取更多的水分，

其實際效果已超過角質層的水合度了。也因此在皮膚表面，可以展現極佳的保濕效果。

市面上所有標榜高效保濕的美容液、化妝水、保濕霜等製品，幾乎都以醣醛酸作為主要的有效成分。

但你可別以為：擦了醣醛酸美容液，皮膚就可以長久保持水噹噹的狀態。

醣醛酸的保濕度，以塗敷後的第一小時，保持效果最佳。但三個小時後，就明顯下降了。

所以，只擦水性保濕成分，來做肌膚的保濕保養，只能在夏天為之，或油性膚質者才適宜。

一般有效延長保濕效果的方式是：擦些油脂的成分，覆蓋在皮膚表面，可以減少水分的散失量。

與多元醇類、天然保濕因子相比較，醣醛酸自然保濕效果強，且當環境濕度降低時，也較不會影響保濕效果。

對於極乾性的皮膚，或老化到嚴重缺水的肌膚，醣醛酸是較為理想的保濕成分。

要漂亮，只擦醣醛酸還不夠

站在保濕的角度來看，能使角質層免於乾燥，就算達到護膚的使命了。這樣的功能，對

於年輕健康的膚質，自然可以接受。

但對於老化粗糙，角質需要修復的皮膚，醣醛酸雖有高保濕功能，卻無法神奇到能幫你改善膚質。

你必須認清：它只是保濕劑。想擁有漂亮肌膚，還必須藉助其他營養理療成分來幫忙才行。

所以讀者應該認識：夏天或油性肌膚者，只使用保濕化妝水，可以消除皮膚的緊張度，膚觸也因角質含水而柔軟，但並無法進一步改善原來不良的膚質。

其他與醣醛酸，同屬真皮層中的保濕成分者有：膠原蛋白(Collagen)、醣蛋白(Glycoprotein)及硫酸軟骨素(Chondroitin sulfate)等。此外，還有稱呼為透明質酸的成分，英文寫法為Mucopolysaccharides、Glycosaminoglycans，其實指的都是醣醛酸。

（4）膠原蛋白

(Collagen)

膠原蛋白，在化妝品成分裡，也是顆閃亮的明星。

膠原蛋白受喜愛的情況，有如群眾追逐明星般的瘋狂。究竟膠原蛋白，歸類為實力派，還是偶像派的明星呢？

如果加入保養品配方中，用來塗擦在皮膚外表。那麼膠原蛋白，充其量只是個偶像派，被廣告過度包裝的明星。

當然，如果用在美容醫學上，成為皮下注射的針劑，其使皮膚返老還童的能力，自然無其他成分能取代，這種情況就不能說是華而不實了。

為什麼說膠原蛋白不具實力呢？或許你在想：坊間有多少護膚、保濕面膜以及高級保養霜，都是以膠原蛋白為主要成分呢！

老實說，筆者也不明白，資訊如此容易取得的今日，為什麼一般消費者還這麼迷戀膠原蛋白。

莫非是聲稱含膠原蛋白的化妝品，讓消費者有很高的滿意度？

你可能不相信，功臣不是膠原蛋白，而是其他營養成分，在背後當無名英雄。

從科學實驗的結果去查證，膠原蛋白對表層的皮膚，並無強效的保濕性。它的功效，充其

量是作為護膚成分，一種免於皮膚受刺激的成分。眞正的粗糙、乾燥皮膚，分子非常大的膠原蛋白，是無能為力補救的。

（5）水解膠原蛋白

(Hydrolyzed collagen)

水解膠原蛋白，是將大分子的膠原蛋白，以水解的方式，處理成小分子量的蛋白。

小分子的水解膠原蛋白，因具有與角質蛋白相似的胺基酸結構，所以親膚性佳。保濕效果也可以有效地發揮。

在保養品上，單純為保濕設計的製品，不會單獨選擇水解蛋白使用。理由很簡單，水解蛋白的保濕效果，仍無法與一般常用的保濕劑相抗衡。

然而保養品的功效，除了保濕之外，還要兼具改善膚質的功能。以改善膚質的方向思考，小分子的水解蛋白，是極佳的成分。

類似水解膠原蛋白，同具保濕及改善表層膚質效果的水解蛋白，還有：彈力蛋白、小麥蛋白、燕麥蛋白、絲蛋白等的水解型。

事實上，目前保養品中所聲稱的膠原蛋白，

大多數使用的是水解膠原蛋白。只不過廣告上
把水解兩字省略，雖對消費者有些誤導，但可
避免消費者錯以爲其成分、品質，不及膠原蛋
白，而產生不必要疑慮。

（6）維生素原B₅

(D-Panthenol)

維生素原B₅是滲透性保濕劑，可以直接浸潤
角質層，達到保濕的效果，是目前極爲流行的
成分。

維生素原B₅廣受歡迎的原因，除了有效保濕
之外，還因爲具有護膚的明確功效。

按文獻報告指出：維生素原B₅可增進纖維芽
細胞的增生，所以有協助皮膚組織修復的功
能。

5%的維生素原B₅水溶液，無任何黏膩感。而
一般加入保養品或保濕製品中的比率在0.5%以
下，所以幾乎不覺得有負擔。

對不喜歡油膩感的乾性肌膚者，選擇以維生
素原B₅爲保養成分，可以有高滿意度。

（7）胺基酸

(Amino acid)

胺基酸在保濕劑中,所扮演的角色至為特殊。它雖不如其他保濕劑般,有高效的吸水性,但對皮膚水分,卻具有調節的作用。

據研究發現:當角質層中的水分含量減少時,角質層中的胺基酸含量,亦同時降低。

所以,站在維持角質功能正常化的角度來思考,胺基酸的添加,對皮膚健康美的維護是必要的。

❀ 保養品中的油脂功效為何?

上述的成分,出發點都是抓住水分子。但好不容易抓到的水分,若不想辦法「鎖」住,恐怕維持不了多久,就又掙脫、乾涸了。

保養品中的油脂成分,可以幫助鎖住水分,做好看管的角色。科學一點說,就是在協同水性保濕成分,做好全面保濕的工作。

基本上,皮膚乾燥缺水,必須先想辦法補充水源,讓角質層維持在高水合狀態。而欲保持高含水狀態的最佳方式,就是鎖住這些水分子,使不易流失。

油脂,就扮演著不讓水分流失的角色。所

以，通稱油脂為保水成分。

別將嬰兒油直接當保養品擦

換個角度看，如果皮膚處在乾燥狀態，只有擦拭油脂，事實上無法保濕。就像是乾毛巾裹在塑膠袋裡，談不上保住水分。

所以，喜歡擦嬰兒油保養全身肌膚的人，必須特別注意使用時機，要在剛洗完澡，皮膚水分還沒散失之前就擦上油脂。平時擦嬰兒油保養，則必須在皮膚濕潤狀態下使用，保濕效果才會好。

這麼麻煩的手續，少有人願意奉行。

所以，乾燥狀態下的皮膚，理想的保養方法是選擇乳霜類，就是同時含有水性保濕劑與油性保水成分的保養品。

時機上，不論用的是哪一類保養品，都是剛洗完臉，皮膚水分充足時最為恰當。

如果油脂的使用，單純只為了保水，那就不必大費周章地寫這個單元了。因為所有的油脂，都有基本的閉鎖功能，即不透氣性。

油脂除了可以形成保水膜之外，還有其他功能，這些功能創造了油脂在護膚保養上的另一面價值。

　　油脂是可以選擇的，且依皮膚及年齡的需求，可以有所不同。

　　年輕膚質，特別是幼童，旺盛的生命力，使表皮細胞不斷地新生。自行修復的能力遠遠超過成年期。

　　所以，保水性的油脂選擇，不需太多附加效果，只要質純不具刺激性，像是礦物油、凡士林之類的，其實就很足夠了。

　　若是皮膚過於乾燥到甚至脫屑，這就是角質代謝不正常的表徵。

　　可以選擇含不飽和脂肪酸的植物油脂，像月見草油、琉璃苣油、夏威夷核果油等，可以同時保濕並修復角質。

　　目前的流行油脂，主要有小麥胚芽油、荷荷葩油、酪梨油、葵花子油等。能夠成為流行品，自有其取得優勢的條件。

　　然而，並非每一種膚質，都能夠從這些廣用的油脂中，得到最佳的護膚品質。

　　舉個例說，荷荷葩油非常地清爽不黏膩，所以保養品很愛用荷荷葩油配方。

　　但荷荷葩油並無積極修復受損角質的功效。

　　你一定又驚訝，這怎麼可能呢？老話一句，

還是要多瞭解成分才能判斷。

　　以下列出常用的護膚用油的個別特色，供讀者參考。

❀ **油性保濕成分看這裡**

（1）荷荷葩油

(Jojoba oil)

　　荷荷葩油的結構為直鏈的酯蠟質，與一般的植物油或動物油完全不同。

　　荷荷葩油的優點是清爽、不黏膩，無味、無臭，親膚性佳、易於滲透，又具高保水性。保水能力可維持8個小時不減，在協助保濕效果上十分出色。

　　荷荷葩油因為是酯蠟質，結構上無不飽和脂肪酸，所以無實際的角質修復效果。在護膚上所扮演的角色，單純是保水性能。所以，使用這一類成分時，不應有錯誤的期待。

（2）小麥胚芽油

(Wheat germ oil)

　　小麥胚芽油所含的不飽和脂肪酸，主要為亞麻仁油酸45~60%、油酸8~30%、次亞麻仁油酸

4~10%。

油酸，具有柔軟皮膚的功效，但修復角質效果較差。

次亞麻仁油酸，則較無修復角質的效果。

亞麻仁油酸，則爲修護角質主要的脂肪酸。

一般植物油，是否屬於營養用油，其所含的脂肪酸種類，是極主要的選擇要件。

若單獨以脂肪酸的種類，來看小麥胚芽油，那麼在化妝品用油中，不乏比小麥胚芽油更好的油。

小麥胚芽油之所以受青睞，主要是含有豐富的維生素A、E。

但讀者切莫以爲，保養品使用小麥胚芽油，就具有相當高濃度的維生素A、E。

所謂含量豐富，是與其他種類的植物油相比較的說法。

化妝品中若要以維生素爲主要的活性成分，必須要再另外加入純質的維生素，其濃度才足以發揮美膚的效用。

事實上，小麥胚芽油是蠻黏稠的油，加量太多時，會覺得乳霜有黏膩感。

另外，小麥胚芽油的取得方法，也與品質有

很大的關係。

　　一般化妝品用油，最好以冷壓的方法製造。只有低溫取得，油脂中的營養成分，才有辦法保持完整。

　　小麥胚芽油，經常會有以熱製方法取得的原料油，作為化妝品用油的情形發生。

　　基本上，熱製取油的成本較低，可能是原因之一。

　　所謂熱製，就像在炸花生油、芝麻油的方法一般。熱製法取得的油有香味，就像花生油會香一樣。

　　但是熱製過程，不飽和脂肪酸，會因為熱而大量地被破壞，油脂會提早酸敗，護膚效果自然大打折扣。

　　目前，較高級的護膚乳霜，已不那麼愛用小麥胚芽油了。道理讀者可以自己去想。

（3）酪梨油

(Avocado oil)

　　酪梨油的脂肪酸，也以不飽和者居多。油酸為主要成分，占約70%。亞麻仁油酸則占6~10%。

酪梨油的價值，也類似小麥胚芽油般，含的是其他營養成分。例如維生素類，含有A、B、D、E。B指的是類胡蘿蔔素(Carotenoids)。此外還有少量的植物固醇，也是很好的護膚成分。

酪梨油的優點，從成分中可以窺見全貌，在護膚上屬於滋潤度極佳的營養用油。

酪梨油的缺點也是過於黏稠，所以只能搭配其他油脂使用。

此外，酪梨油因為含類胡蘿蔔素，所以色澤很黃，有時候甚至是深墨綠色的，還必須加以脫色才能被消費者接受。但以保有原成分的觀點來看，脫色的過程多少會折損一些活性成分。

（4）夏威夷核果油

(Macadamia nut oil)

相信很多人都吃過夏威夷核果，算是高價位的零食。除了好吃吸引人之外，夏威夷核果的油脂成分，確實符合健康食品的標準。當然，以熱量考量，吃多了會胖。

夏威夷核果油所含的脂肪酸，主要有60%左右的油酸及20%的棕櫚烯酸(Palmitoletic acid)。

質地非常清爽且幾乎無色、無味。

棕櫚烯酸可延緩脂肪過氧化，可間接地保護細胞膜免於受侵害。所以，在現今的保養用油裡，夏威夷核果油非常受喜愛。當然也值得你信賴。

因為無任何刺激性，所以用品普及到嬰兒用保養品、過敏肌膚用品、防曬、保濕、抗老化等製品都可應用。

（5）月見草油

(Evening primrose oil)

月見草油不只在化妝品上應用，更見於一般健康食品中。相信有些許的讀者食用過膠囊裝的月見草油。專家告訴我們：服用月見草油，可以有效改善膚質。此外對心血管疾病有預防的功能。

以上是食療所發揮，由裡而外的功效。由皮膚上直接塗抹的效果又如何呢？

月見草油含大量的亞麻仁油酸，含量高達80%。其中又含少量的 γ-亞麻仁油酸最為珍貴。

與亞麻仁油酸相比較，γ-亞麻仁油酸更有

效於角質的修復。能夠強化角質層的保水能力，且使表皮平滑有光澤。被視爲最有價值的保養用油。

月見草油也有缺點，因爲不飽和度高，所以容易有氧化變質的現象。

一般月見草油的保鮮時限爲一年，而荷荷葩油爲五年。

所以，不要單獨購買月見草油存放太久。必要的話，可以加入維生素E，作爲抗氧化劑，可以延長月見草油的使用期限。

（6）杏核油

(Apricot kernel oil)

杏核油的脂肪酸，主要爲油酸60%，亞麻仁油酸30%。此外也含有豐富的維生素A、E。使用價值與小麥胚芽油雷同。

一般保養品所使用的油脂，喜歡以多種類搭配。這除了可以互補彼此的優缺點之外，更具商業噱頭。

消費者會以爲，種類越多，越有物超所值的滿足感。其實，不盡然如此，不是嗎？

種類不是問題，加量才是重點。更何況有些

油脂，特別是礦物油和合成酯的加入，是為了降低成本用的呢。

（7）琉璃苣油

(Borage oil)

　　與前面所述油脂相比較，琉璃苣油算是較晚被化妝品界開發的營養用油。

　　琉璃苣油的營養價值，可媲美於月見草油。同樣含約80%的亞麻仁油酸，並有兩倍於月見草油的 γ-亞麻仁油酸。質地也清爽不黏膩，國內製的保養品，用的並不普遍，但國外引進的保養品牌，已很常見了。

（8）葵花油

(Sunflower oil)

　　不要大驚小怪，葵花油好像是炒菜做飯的油，怎麼適合當化妝品用油？前面提過的小麥胚芽油，不也可以食用嗎？還有橄欖油，也出現在化妝品和食用油中。

　　這些既可吃又可擦的油，差別在於製造取得的方式不同。

　　食用油絕大多數是熱製油。理由很簡單，產

量大、設備低廉，符合成本。

化妝品用油，要稱得上是好油，則必須用冷壓法製得。只有冷壓才不會破壞營養成分，才能夠保鮮更久。

葵花油是高油酸比例、低飽和度的油脂。作為食用油，頗符合健康原則。此外，也含有維生素A、D、E。當然，葵花油的品質，也與製造取得方法息息相關，這一點，從電視廣告大戰中為了搶奪市場，各家強調製法不同的優異性就可以知道。

此外，還有些稀有的保養用油，像是薔薇實油(Rose hip oil)、葡萄子油(Grape seed oil)、榛果油(Hazel nut oil)、開心果油(Pistachio nut oil)、Behen oil、火雞油(Kalaya oil)等等種類繁多。

基本上有些是取源困難、產量少，所以價格昂貴。有些則是新開發的油脂，較無原料商削價競爭而昂貴。

但其營養價值，並不因為昂貴、新而更出色。以油脂所扮演的保養角色來看，主要還是保水及修復角質。

所以，再新的油、再昂貴的油，其可以達到的目的是相同的，讀者沒有必要追求那些很少人知道的油。

乾性肌膚專用保養品

1.年輕肌膚　保濕成分 ➡ 甘油、丙二醇、NMF、PCA-Na、胺基酸。

　　　　　保水油脂 ➡ 荷荷葩油、紅花油、葵花油、夏威夷核果油、小麥胚芽油、酪梨油。

2.年老肌膚　保濕成分 ➡ 醣醛酸、水解膠原蛋白、維生素原B_5、胺基酸。

　　　　　保水油脂 ➡ 月見草油、琉璃苣油、夏威夷核果油。

　①皮膚乾、角質薄 ⇨ 忌果酸、維生素A酸、含皂洗面乳、含氫氧化鉀、三乙醇胺類乳化製品。

　②皮膚乾、角質厚 ⇨ 搭配使用去角質酵素、水楊酸、果酸等洗面乳。

　③皮膚乾、長粉刺 ⇨ 搭配維生素A酸、油溶性胺基酸。

　④皮膚乾、易過敏 ⇨ 忌果酸，並搭配抗敏成分使用。

3.關懷小語：保養是長久的工作。建議年輕人，可依經濟能力升級保濕成分。且年輕肌膚所需的營養成分，一般開架式陳列的保養品就很齊全了。年老的肌膚，請參閱抗敏保養品選擇。

單元5

中性肌膚專用保養品剖析

　　如果可以選擇，大家都想擁有不油不乾、平衡自然的膚質。

　　中性肌膚給予一般人的印象，就是好膚質。但真的如此嗎？

　　中性肌膚，勉強說只是不油不乾而已，並非是擁有麗質天生的膚質。同樣要面臨黑斑、面皰、粗糙、皺紋等的困擾。

　　換句話說，中性膚質者要肌膚美麗、吹彈可破，還是得靠保養。

　　若不針對特殊理療成分來討論，中性膚質者的保養，只需分齡來選擇成分即可。對於黑斑、面皰等特殊理療成分，將由後面獨立單元來介紹。

❀ 分齡保養，是依膚齡不是年齡

　　所謂分齡選擇，是依膚齡來選擇。就是考慮自己的膚質老化程度，去選擇適當的保養品成分。

有些人未老先衰，二十來歲，皮膚就已老化得如四十歲的中年人。這種膚況，當然不能逞強用青少年的保養品。

皮膚老化到與實際年齡不相稱，可能的原因很多。除了個人的身體健康或遺傳因素之外，大環境的差別，以光害的多寡影響最巨。

光害，指的是紫外線的傷害。

光害只發生在曬到紫外光的部位，所以臉部、衣物遮蔽不到的部位，就會有特別乾燥、粗糙及皺紋的出現。而這些現象，都是皮膚細胞變性、劣質化的表徵。

所以，有光害困擾的人，使用保養品時，要選擇具修復能力的油脂及較高保濕能力的保濕劑。

此外，白天外出時使用的保養品，必須選擇含抗氧化效果與防曬效果的成分使用。最簡單的說法是：要躲太陽或避免再無限制的受光害。

成分的選擇上，則可參考單元4，所詳述的水性保濕成分與油性保水成分。

大致上，年輕無老化現象的膚況者，使用多元醇類的保濕劑，搭配荷荷葩、葵花油等不黏

膩的油性成分即足夠。

　皮膚若顯粗糙，除了可選擇月見草油、夏威夷核果油、琉璃苣油搭配之外，適當的使用果酸、水楊酸等去角質成分，可以促進角質的更生，有效改善膚質。

　已顯老化的膚況，除了選擇富含亞麻仁油酸的油脂之外，應提升保濕劑的等級，使用高效保濕的醋醛酸。另外，搭配胺基酸系保濕劑，可以維持角質功能正常化。這些成分在單元4中均可以閱讀到。

　老化到皺紋橫生，則保養必須再晉級到抗老化保養品，這一部分請參閱單元11。

單元6

油性肌膚專用保養品剖析

在台灣，炎夏多於寒冬的熱帶型氣候，油性膚質者普遍多於乾性膚質者，特別是介於青春期到中年之間的年齡層，且男多於女。

❀ 洗再多次的臉，也無法改變偏油的膚質

有人對油性肌膚的處理方式，是不斷的洗臉，且專門找強去脂力的洗面乳來洗。

這種作法，站在保養的觀點上來看，當然有很多可議之處。

臉這片豐碩的油田，並不因為你使用了強去脂力的清潔產品，或者不斷的洗臉，而停止、緩和冒油的現象，不是嗎？

筆者相信，臉油膩膩的，感覺一定很難受，因為連旁人的視覺都受到干擾。外子，就是那種連冬天，臉上的油都多得可以煎蛋，典型油性膚質的人。

這讓筆者十幾年來共處的日子，感受到一種骯髒、油垢味的氣息，瀰漫在生活起居中的每

分每秒,非常不舒服。

✿ 皮脂膜是天然面霜,具有護膚功效?

「往好處想,冬天可以不用擦乳液,多經濟方便。」(這是外子的理論)

自然分泌的皮脂,雖說是天然面霜,但這些油脂夾雜著汗水、代謝物,當分泌到皮膚表面時,多已氧化、酸敗了。

所以說是保養油脂,實在談不上,必須適時清理掉才是。

更何況,臉上滿是油脂,並不等於皮膚有了足夠的保濕度。角質層仍然有缺水之虞,皮膚仍然繼續老化。

油光滿面的人,並不因為油而顯得肌膚光彩剔透。這與乾淨的皮膚擦上保養品,有足夠濕潤度的質感是不一樣的。

好吧,拼命地洗不是辦法,那麼該怎麼辦?

✿ 化妝品的油脂調理成分,只能治標

油性膚質不是一天造成的,當然也就沒有一勞永逸、斧底抽薪的改善辦法。

這一點讀者要先有認知,才不會被坊間一些過於誇大的產品給矇騙了。

基本上,選擇適宜的成分,可以改善出油的

情況，並可避免毛囊受細菌感染，衍生皮膚問題。

而選擇的重點是：1.先選對清潔用品。2.選擇低黏性的保濕劑。3.選擇油脂調理成分。4.保養方式的調整。分別再說明如下：

（1）清潔用品的選擇

洗臉對油性膚質來說，用中度去脂的洗面乳，一日多次，比用強去脂力的產品來得恰當。

基本上，皮脂並不難去除。而且，洗臉也不是非得把臉上的油脂盡除，讓臉摸起來乾乾澀澀的才是乾淨。

你只要選擇中度去脂力的清潔用品，把臉上過多的油脂洗掉就夠了。

又為了保護皮膚角質，不要因為多次洗臉，而過於浸潤在強去脂力的界面活性劑中，造成細胞間脂質的流失。洗面乳應該選擇：低刺激性的清潔成分。

如果你願意配合，香皂及含皂配方的洗面乳，最好不要再用了。

想保養、愛漂亮，就要面面俱到。這些含皂

洗面乳，雖暫時的洗掉油膩，卻也同時洗掉你角質層應有的防禦功能。長此以往，又會衍生膚質粗糙、易長面皰的問題。

讀者可根據第一篇單元4的內容，找到優良的清潔成分。

這裡提供清潔力適合油性膚質者使用的界面活性劑，作為參考。

適合的有Sodium cocoyl isethionate、Sodium methyl cocoyl taurate、Sodium lauroyl taurate、Sodium methyl oleoyl taurate、Laureth-3 carboxylic acid、Sodium lauroyl sarcosinate等。

基本上，強去脂力的SLS、SLES等成分，並不適合拿來作為洗臉成分，尤其是一天要洗多次臉的場合。既然要皮膚更好，就不要作毀容式的慢性自殺。

千萬不要被產品的優良清潔效果，給動搖堅持選擇好成分的信念。

（2）選擇低黏性的保濕劑

低黏性的保濕劑，例如丙二醇(Propylene glycol)、PCA-Na、醋醛酸、維生素原B₅等。

油性膚質，使用這一類保濕劑的主要目的，是減輕皮膚的負擔，不因保濕劑的使用，增加了皮膚的不透氣感。

此外，植物萃取液中，具收斂效果的鼠尾草(Sage)、百里香(Thyme)、繡線菊(Meadowsweet)、聖約翰草(St-jon's-wort)等，都很適合作為油性肌膚用的化妝水成分。

（3）選擇油脂調理成分

油脂過剩，改善的方法有三：1.移除、2.抑制、3.調節。

移除靠的是清潔，像是洗臉、敷臉。

抑制則使用收斂成分，像是使用具收斂效果的植物萃取液，或使用化學合成的高分子不透氣膠。

調節則著眼點在皮脂腺的代謝機能上。像是維生素B_2、B_6、Zn-PCA的使用等。

移除的方法雖是消極對抗，但只要勤於洗臉、敷臉，油性膚質仍可以是透明乾淨的質感。

抑制是最不得已的方法。一般化學性的收斂

劑，可以瞬間凝結毛孔口的蛋白，使毛孔收縮，皮脂暫時性的不易排出。

但這種方法，違反皮膚健康代謝的自然法則，若不是因為化妝上的需要，建議讀者不要經常使用。

而為了上妝不脫妝，市場上還推出一種抑制油脂的液體，可讓局部的皮膚不再出油，且效果可維持數小時之久。

這種產品，抑制油脂的手段，無異是在皮膚塗上一層密不透氣的蠟。皮脂無法代謝出，就只能堆積在毛囊中，造成毛孔阻塞、脂質過氧化、細菌感染等可能的後遺症。

所以，不要以為現代的油性膚質者真是好福氣，可以有這麼速效的產品使用。

油脂調理的意義，就不同於油脂抑制。調理的價值在於，可以提供皮脂腺較正常的代謝功能，使皮脂的分泌正常化。

常見的油脂調理成分如下：

Zn-PCA

Zn-PCA的結構與PCA-Na相同，只是取代Na原子為Zn而已。

含鋅的PCA，除了保有保濕劑的功能之外，

還具有改善皮脂分泌過剩的功能。

Zn-PCA溫和不刺激皮膚，且無副作用。是目前市場上油性膚質用理療型化妝水、調理液的先進成分。

維生素B$_6$

醫界使用維生素B$_6$，來作爲抑制皮脂漏的調理用藥。化妝品中使用維生素B$_6$的場合並不多見。外用效果仍有待評估。

（4）保養方式的調整

油性肌膚者的保養品，除了避免使用高油度的製品之外，還必須考量實際生活情形，再做適當的處理。

對於必須經常外出曬太陽，或接觸污濁的都市空氣的人，所使用的保養品，最好添加有抗氧化成分或捕捉自由基功能的成分。例如SOD、SPD、維生素C、維生素E等。

因爲過於旺盛的皮脂分泌物，很容易因外在惡劣的環境與紫外線的照射，產生脂質過氧化的現象。

過氧化所產生的自由基，對健康的細胞造成

威脅，容易引起皮膚病變及皮膚老化。

此外，為了使毛孔不至於越來越明顯，保持皮脂的良好代謝環境是很重要的。

讀者可每天用嬰兒油或卸妝油充分地按摩臉部，對毛孔中「卡住」的固化皮脂，有充分清潔、代謝的功效。按摩完洗去這層油膩，毛孔更顯乾淨透明。

不習慣用油清潔的人，可改用蒸汽蒸臉。利用毛孔擴張、皮膚溫度升高的機會，清潔毛孔中所有的污垢。不堆積污垢，無殘敗油脂，皮膚自然健康。

保養上，注重親水性的保濕。所以，化妝水、美容液都是不錯的選擇。成分上，則需稍微配合年紀選擇等級。

年輕健康肌膚，多元醇類、天然保濕因子、胺基酸類就足夠。

可能的話，選擇在化妝水中加有Zn-PCA成分的油脂調理劑。少選擇含酒精、酚類(Phenol)等治標不治本的危險成分。

上了年紀的人，膚質如果還是油性。在保養上就必須多費心處理。因為肌膚老化、角質代謝不佳，角質層的水合功能也無法正常的運

作。所以粗糙的膚觸、深層的皺紋，都會伴隨出現。

保養上，宜配合去角質成分，像是果酸、水楊酸、維生素A酸等，幫助代謝老舊角質，才能使保濕成分，有效地與健康的角質水合。

保濕成分，則以醣醛酸、維生素原B$_5$等較爲適合。

油性肌膚專用保養品

1. 清潔建議：勿使用強去脂力與含皂製品洗臉。改酸性洗面乳，可一日多次。每晚用嬰兒油徹底按摩或以蒸汽蒸臉，清潔毛孔、促進代謝。

2. 調節油脂：少用油脂抑制劑、酒精、酚類、氧化鋅等收斂劑。改用Zn-PCA或植物萃取調理成分。

3. 保養搭配：以低油美容液、化妝水取代營養霜。日間保養，應選含抗氧化成分、防曬功能的製品。

單元 7

面皰肌膚專用保養品剖析

面皰性肌膚，若又屬於油性膚質者，請合併參考單元6的內容，將更為清楚。

面皰發生的原因多而複雜，牽涉到身體內外各層面，不是本書討論的重點。

基本上，處於極惡劣的面皰狀態，是不宜在皮膚上塗抹任何保養品的。這時候應尋找醫師，以治療為第一要務。

❀ 面皰專用化妝品，不能治療面皰

其實化妝品中，並無可以積極「治療」面皰的成分。這一點讀者應該早有認知才是。

化妝品的成分與含量，都受衛生管理單位所規範，不可能使用含有療效的成分，特別像是青春痘，這種已經屬於皮膚病的症狀，當然不是化妝品能解決的問題。

那麼化妝品所稱的「面皰專用」，豈不是謊言？

當然，也稱不上欺騙那麼嚴重。化妝品用的面皰治療劑，主要定位在症狀的緩和與患處的

護理上。

所以，還是有人會認爲自己臉上的面皰，是使用面皰用保養品治好的。

目前市面上的面皰類製品，以乾燥、脫皮作用者居多，像是含水楊酸、硫磺劑、雷索辛、過氧化苯醯等。

這一類製品，適合化膿性面皰，痤瘡後期的皮膚保養。可以將角化的患處皮膚，快速地脫落代謝掉。

但前提是，你的肌膚不會太過敏及乾燥。因爲這一類製品，會造成皮膚乾燥、脫屑現象。

平心而論，這種配方雖看得到明顯的脫皮效果，但只有收拾善後的功效，無法改善面皰的再發生。

也就是說，面皰還是會再長，會再化膿，等化膿好了，再使用相同的方式，去除角化部位的皮膚。

這種週而復始，長年累月的折磨，很容易讓面皰肌膚者失去信心，或乾脆長期使用類固醇藥膏。

❀ 類固醇治面皰的隱憂

請千萬不要長期使用類固醇藥膏。

不能否認的，類固醇是當今醫藥界中，抑制發炎最有效的外用藥，對各種皮膚炎幾乎都有速效。

但是，副作用也最大。

類固醇的藥效，並非只針對發炎的部位有抑制作用，其影響所及，恐怕是接觸到藥膏的所有部位。

所以，同時也抑制使用部位細胞的增生、抑制免疫能力等。長期使用下來，皮膚變薄、萎縮、臉潮紅等現象就會相繼出現。

✿ 面皰製品，可有效控制細菌性感染的面皰

前面提過，面皰的起因極為複雜。外用藥膏、化妝品，無法因應所有狀況。而如果面皰的成因，是單純的細菌感染，也就是一般所說的面皰桿菌、初油酸菌等的感染，那麼適當的保養，是可以有效地改善面皰的續發及惡化的。

清潔，保持毛孔的暢通，當然是防範面皰的第一步。清潔產品的選擇，請參考第一篇單元7，相信對清潔產品的選擇，可以有更深一層的認識。

制菌，是清潔過程中，可以有效達成的任務。

所以，選用含制菌成分的洗面乳，作爲平時的保養是可行的。對皮膚較有保障的制菌成分有三氯沙、茶樹精油。

❀ 面皰保養品不同於一般保養品

「面皰肌膚，不宜擦上任何化妝品。」這是就避免患處感染及增加皮膚負擔的角度來分析。特別是化妝，更不被允許。

其實面皰專用保養品與一般保養品，是有所不同的。除了前述脫皮、乾燥劑的使用之外，眞正的面皰理療成分，是可以強化皮膚自身的抗菌力、增強皮膚免疫力的成分。

換言之，面皰理療的目標，是塑造一張健康的臉，讓皮膚自身的防衛系統發揮保護皮膚，強化免於受細菌感染的能力。

爲了更清楚地讓讀者瞭解，各種面皰治療劑的功效與優缺點，以下將目前常應用的面皰理療成分，做整理介紹。

❀ 面皰理療成分看這裡

（1）水楊酸

(Salicylic acid)

水楊酸的立即功效爲：乾燥、脫皮。對於已

經化膿成熟的面皰，可快速有效的乾燥化膿部位。

水楊酸的作用方式，是使表皮輕微且持續的脫皮。

有文獻報導：長期使用水楊酸，會產生耳鳴、暈眩、倦怠、噁心、電解質失調等的副作用。這些可能現象，僅供讀者參考。

一般醫師用藥的濃度，若以水楊酸處方為去角質目的，通常濃度為3~6%。若對付的是頑強的雞眼、厚繭、疣，則濃度更高達5~40%。

化妝品使用水楊酸，則要考慮長期使用的習慣，建議選擇濃度1.5%以下者較安全。

「無後顧之憂」，其實是保養的大原則，不能等到皮膚出問題才驚慌。

若要對付化膿性青春痘，水楊酸的濃度必須1%以上才有效。所以，讀者可以選擇1.0~1.5%的製品使用。

基本上，洗面乳中含水楊酸，濃度高些也算安全。但若是面霜、凝膠類，擦在臉上，暫時不拭去的製品，就要考慮濃度不要太高。

目前面霜中所使用的水楊酸，已經多數改為油溶性水楊酸，例如TDS(Tridecyl salicylate)。

油溶性水楊酸更易滲入毛孔內，浸潤皮脂及毛囊壁，發揮去角質功效。

（2）過氧化苯醯

(Benzoyl peroxide)

過氧化苯醯有抗菌、去角質作用。

過氧化苯醯爲過氧化物，擦在皮膚上，可緩慢地釋出氧，殺滅厭氧性的面皰桿菌。也因爲同時具有去角質作用，所以對白頭粉刺、紅腫型面皰，均有不錯的控制效果。

在製品的選擇上，過氧化苯醯在酸性製劑中較爲安定。

又因爲本身爲不安定的過氧化物，在不具極性的油脂中並不安定。配方中若含有脂肪酸，反而會加速過氧化苯醯自身的氧化而失效。

所以，不宜選擇含過氧化苯醯又強調高營養成分的霜類製劑。

（3）維生素A酸

(Vitamin A acid)

維生素A酸的主要功能爲去角質。能脫除過厚的角質，侵入毛囊壁溶解角化層。對沒有發

炎現象的粉刺較為適用。

使用維生素A酸的濃度不宜過高，同時應避免照到陽光，以免發生刺激、泛紅的現象。

維生素A酸，也是極為有名的抗老化成分。可以促進表皮層角化的細胞分裂正常化。改善因光老化所引起的縐紋與粗糙。

所以，面皰性肌膚使用維生素A酸，可以說是一舉兩得。

（4）Zn-PCA

(Zinc Pyrrolidone Carboxylic Acid)

水溶性的Zn-PCA具有極佳的抗皮脂漏功效。在前一單元，油性肌膚保養品中筆者極為推薦。

此外，Zn-PCA的制菌效果也甚佳。能改善因皮脂分泌過剩，造成的面皰現象。因為具有PCA結構，所以可幫助角質層的水合功能正常化。是溫和無刺激性且無副作用的面皰理療成分。

Zn-PCA可進入纖維母細胞，促進膠原蛋白及角蛋白的合成。所以，除了有益於面皰的治療外，更具有恢復健康肌膚之能力。

在製品的選擇上，Zn-PCA為水溶性成分，所

以化妝水類製品，容易找到這一類成分。據筆者的經驗，油性肌膚者，使用含0.5%Zn-PCA化妝水，就可以有很好的抑油效果。化妝時，出油脫妝的情形已大爲改善。值得油性、面皰性肌膚者使用。

（5）辛醯膠原胺基酸

(Capryloyl collagen amino acids)

辛醯膠原胺基酸，商品名爲Lipacide C8CO，爲合成的油溶性的胺基酸。

據研究，Lipacide C8CO具有：1.抗菌作用，2.抑制皮脂漏功能，3.除粉刺效果；且爲低敏感性成分。

若將Lipacide C8CO與過氧化苯醯的效用相比較，對粉刺有相同的抑菌性，且有效地抑菌濃度，只要過氧化苯醯的40%。

與其他面皰理療成分相較，較快速可見改善成效。

一般，面皰類專用成分，或多或少有副作用，或有用法上的禁忌。

但對於Lipacide C8CO，既無光敏感性、無刺激過敏性，也沒有皮膚發紅、脫皮等現象。

所以，可以是極佳的預防與治療並行的成分。對於油性肌膚，又有相當出色的抑制皮脂漏功能。

（6）神經醯胺前驅物

(Phytosphingosine)

神經醯胺前驅物的作用，是抑制害菌、幫助表皮易菌生長、平衡表皮自然菌種生長的環境。

基本上，是在建構一個健康的皮膚，使皮膚發揮應有的防禦能力。所以，算是最健康的面皰理療法。

要說神經醯胺前驅物為護膚成分，其實一點也不為過。它同時具有增強皮膚免疫力及抗氧化、抗菌、抗發炎的功效。屬於新一代的面皰理療成分。

配方上，多加在保養品中。所以，適合護膚使用。

另外，讀者要有所認識的是：以強化免疫力為導向的成分，通常不易看到立即效果。也就是已經形成的面皰，通常不見明顯改善。這一類成分是典型的面皰肌膚專用保養品，其效用

是在使用後，面皰發生情況的減少與症狀的減輕。

（7）茶樹精油

(Tea tree essential oil)

茶樹精油具有抗菌力，已被大量的應用在各類生活用品中，甚至有人把茶樹精油燻香整個生活起居間，作為環境殺菌之用。

茶樹精油入化妝品中，若要達到抑制面皰桿菌的效果，其濃度必須在0.25~0.5%以上才有效。

而這個濃度，已經足夠使整個乳霜製品，衝鼻可聞茶樹精油的特別氣味了。

所以，你在選購這一類製品時，若連基本的茶樹精油味道都嗅不出來，那準是濃度太低，對該產品的效果，就不能過於期待。

若單獨使用茶樹精油來處理面皰性肌膚，對化膿性面皰，必須用到10%的濃度，方可有效抑制。

茶樹精油雖有制菌效果，但無護膚的積極效用。

所以，皮膚的保濕、膚質的改善，必須一併

考量。高濃度精油，直接擦在皮膚上，實際上也有刺激問題要考量。

（8）杜鵑花酸

(Azelaic acid)

杜鵑花酸，化學名為壬二酸(Azelaic acid)，屬於油溶性的成分。應用於皮膚科中，作為抑制青春痘發炎的藥膏。

其制菌的功效明確，對發炎性面皰及化膿性面皰的改善，都有極佳的效果。對粉刺的治療效果，據稱達到百分之百的有效。

杜鵑花酸對皮膚的刺激性低，其觸感如蠟燭般，雖是油溶性物質，卻不顯油膩，可製作成低油性面霜。使用上不具黏膩感，一般油性膚質也能接受。

以杜鵑花酸為主成分的乳霜，長期使用，無明顯的傷害報告。

除了控制面皰之外，杜鵑花酸還有美白的效果。是現今走美容醫學路線的皮膚科醫師，常開給求診病患的保養品成分。

單元8

敏感性肌膚專用保養品剖析

🎋 你的皮膚敏感嗎？

越來越常聽到人家說：「我的皮膚很敏感，用很多保養品都會過敏。」

請教過醫師，對一般形容的過敏症狀，較正確的說法應該是「化妝品性皮膚炎」。是指皮膚上有炎性反應，並可能有發癢、發紅、發腫或脫皮現象。有必要接受藥品治療。

筆者倒覺得無須嚴肅的定義「敏感性肌膚」，因為即使你被醫師確認為不是敏感性膚質，也不能剝奪你選擇低敏性保養品的權利。

🎋 敏感性肌膚的自覺症狀

根據調查統計，敏感性肌膚者，通常有如下的自覺症狀：

(1)更換經久使用的化妝品品牌時，皮膚會有一時無法適應的現象。

(2)有過皮膚病的前科，皮膚質較為耗弱。

(3)較一般人容易長青春痘或水泡。

(4)即使是抖動被褥、窗簾布，都容易有發癢的現象。

(5)季節交替時，膚質變化明顯不同於平常。

(6)皮膚易因使用果酸類等製品，產生灼熱刺痛感。

(7)對汗水、眼藥水、游泳池水等都過敏。

(8)對按摩或溫度變化等物理刺激，產生皮膚泛紅等現象。

你的皮膚，也有上述任何一種或數種情形發生嗎？

現在的化妝品市場上，有諸多品牌推出，低敏性或敏感性肌膚專用的保養品。然而，敏感性皮膚的多樣性，讓再多的敏感專用化妝品，都無法滿足消費者的需求。

除了敏感性的自覺反應之外，敏感性皮膚，會有如下較為共有的肌膚特徵：即角質偏薄、膚質乾燥、易發生急性刺激反應、對機械性的摩擦抵抗力差等。

✿ 你選對敏感專用保養品了嗎？

過去十年，所謂低敏性產品，主要是標榜「不含具刺激性的成分」。

對皮膚具刺激性的成分，則泛指：酒精、防

腐劑、香精、色料、乳化劑、PABA等。

而強調敏感性肌膚專用的保養品，則主要以天然成分為訴求。純植物配方的化妝品，透過健康自然的形象包裝，創造了無數的商機。

其實標榜「不含刺激物」及「天然成分」配方的化妝品，真正適用的對象是健康肌膚者，而非敏感性肌膚者。

此話怎講呢？

對健康的肌膚，不去碰觸刺激性成分，就是避免造成過敏性膚質的最佳方法。使用天然成分，在安全考量上，自然優於合成的化妝品原料。

敏感性肌膚使用這類產品，充其量是敏感症狀不會發生，若肌膚正處於紅疹、發炎狀態，這類產品根本無法有效地解決、緩和症狀。

所以，你選擇低敏性保養品的方法，若還是依照十年前的舊原則，那就只好等著看別人漂亮了。

✿ 低敏保養品，需有積極功效

現今的低敏化妝品，除了選擇具有鎮定、消炎作用的植物萃取液之外，更應用了抗敏成分與增強皮膚自身免疫功能的成分。後者能有效

地改善過敏性肌膚，使回復原來健康的狀況。

也只有讓寶貝肌膚脫離「過敏」的束縛，才得以創造真正的皮膚美。

為了讓讀者能更清楚選擇優良的低敏成分，茲將化妝品中常用的抗敏成分介紹如下：

❀ 抗敏成分看這裡

（1）甘菊藍

(Azulene)

甘菊藍的別名為藍香油烴，為藍色的油溶性液體。

甘菊藍提煉自母菊與歐蓍草香精油。

為抗敏化妝品中常用的天然抗炎成分，對傷口具有消炎作用。但作用慢，若肌膚處於受損狀態，效果無法即時發揮出來。

但以安全性來考量，甘菊藍作為低敏性保養成分，是極為安全的。

（2）甜沒藥

(Bisabolol)

甜沒藥萃取自洋甘菊。又名沒藥醇，為油溶性成分。

甜沒藥的抗炎效果與甘菊藍相似，也常搭配使用在保養品中。

因為安全無毒，所以也常應用於嬰兒保養品、防曬製品中。

（3）尿囊素

（Allantoin）

尿囊素為微溶於水的白色粉體，現今多以合成方法製得。

尿囊素因屬水溶性，所以經常搭配在化妝水中，作為抗敏成分。據實驗：有癒合傷口的功效。並有激發細胞健康生長的能力。

一般的保養品中也常加入尿囊素，以供皮膚受損時的不時之需。

特別是一些具有刺激性的製品，像是含有果酸、維生素A酸的製品，或一些消炎鎮靜的曬後舒緩製品，都會加入尿囊素。

讀者可別以為，加了尿囊素的保養品，有極強的修復力。尿囊素的添加量限制在0.1~0.2%，加多了對皮膚會有收斂作用，反而產生刺激反應。一般，化妝品所稱的理療效果，都不是立竿見影的功效。

以上三者，都是以安定皮膚爲目的的抗敏成分，本質上較屬於防範過敏的成分。

（4）甘草精、甘草酸

(Licorice、Glycyrrhizinic acid)

甘草自古以來即作爲解毒抗炎的藥材。

目前應用於化妝品中的甘草萃取有兩類，一種爲直接以蒸汽蒸餾的方式萃取得的甘草萃取液；另一種則爲提取甘草成分中具抗炎療效的甘草酸。

當然後者的效用會比萃取液更爲明確，價格上也昂貴許多。

應用上，甘草萃取液(Licorice)添加在清潔類製品中，而甘草酸則加在保養品中。

甘草酸除了有很強的抗炎作用之外，在臨床上還發現具有美白功效。在安全性上，自然優於其他化學成分的美白劑。

❧ 強化免疫能力的抗敏成分

先前提到抗敏成分，會走向強化皮膚免疫功能，恢復健康皮膚的方向。這其實間接地與部分抗老化成分的作用相吻合。

因爲皮膚的過敏反應，有部分因素是由於皮

膚自身的防衛系統產生了漏洞。

扮演皮膚防衛工作的主要細胞，是藍格罕氏細胞(Langerhan's cell)，存在於皮膚的表皮層。平時執行驅動免疫反應的工作，以抵禦外來的刺激。

藍格罕氏細胞會隨著年齡的增加，逐漸地減少並失去活力，皮膚就開始容易受到外界環境的侵害。因此，新的抗敏理念是活化藍格罕氏細胞，繼而達到強化皮膚免疫系統、健全防禦功能，使肌膚恢復健康脫離過敏巢臼。

具有這種活化藍格罕細胞作用的成分為：

（5）β-甲基羧酸聚葡萄糖

（β-1,3 Glucan，CM-Glucan）

Glucan是由酵母細胞壁中純化而得的水溶性成分。Glucan具有保護並活化藍格罕氏細胞的功效。可活化皮膚自身的免疫系統，保護皮膚免於感染，並有幫助受損肌膚復原的作用。是目前極被看好的高級護膚成分。

此外，Glucan可增加膠原蛋白的合成，激發彈力纖維增生。刺激細胞自身產生保護作用。

（6）神經醯胺

(Ceramide)

神經醯胺是角質細胞，彼此維繫的重要成分。屬於脂溶性物質，占表皮脂質40~65%，一般通稱為細胞間脂質。

細胞間脂質，是皮膚抵禦外界環境重要的屏障。若含量不足或過度流失，皮膚就很容易遭受外來環境侵害，造成敏感現象。

年齡增長，皮膚自然老化，皮膚製造細胞間脂質的功能衰退，使皮膚無法建構健全的防禦系統。

此外，不當的使用清潔產品，也會造成細胞間脂質的流失。所謂不當，指的是：使用過強去脂力的清潔劑、鹼性清潔劑、強效卸妝水等製品。

將神經醯胺調製成乳劑，直接塗敷於皮膚表面，可以補充表皮流失的脂質。因而可以強化皮膚，抗過敏、抗刺激的功能。

（7）棕櫚醯基膠原蛋白酸

(Palmitoyl collagen amino acids)

棕櫚醯基膠原蛋白酸的商品名為Lipacide

PCO，爲油溶性胺基酸的衍生物。構造則與肌膚角質層的脂蛋白類似。可維持表皮穩定的酸鹼值，保持肌膚水分，保護過敏皮膚。

Lipacide PCO具有抗發炎的功效。以10%的乳霜做抗發炎測試，其效果相當於純質的吲哚美酒辛(Indomethacin)。吲哚美酒辛是鎮定消炎藥。

因爲具有抗發炎的功效，所以可以緩和發炎及化膿性面皰的症狀。但與前一單元面皰肌膚用的Lipacide C8CO相比，要作爲面皰理療成分，則效果不彰。

含防曬成分保養品剖析

　　以作者40歲的年齡，回想雙十年華的歲月，哪裡會知道防曬的重要？對於陽光，絕大多數的人只因為愛美、怕曬黑而躲著它。瞭解皮膚會因過度的照光而老化的理論，還是近十幾年來的事。

　　這一代的年輕人幸運多了，資訊的傳遞方便迅速，提早做好防曬工作，就可減少年老以後，一些因為日曬所衍生的皮膚問題。這包括老人色斑、皮膚病變、皮膚老化等。

　　有關於防曬的觀念、防曬製品的選擇、使用常識等，筆者在另一本《化妝品的真相》（聯經出版）書中，已經說得非常完整。坊間不少書籍與報章也或多或少，有這一類的文章。讀者要取得相關的資訊，並不困難。

　　這本書的重點，則是在防曬成分的選擇上。

❀ 選擇防曬製品，不只是看防曬係數

　　防曬的目的，自然是為了皮膚的健康。所

以，選擇防曬製品時，不能只將重點放在防曬效果上，還必須同時考量對皮膚的安全性，甚至是護膚性。

不諱言的，筆者自己在教導一般消費者，選擇防曬製品時，也會用粗淺的方式入門。也就是看防曬係數SPF及PA。SPF值的大小，主要作為防止曬傷的參考，即UVB的防曬。PA值則作為防止曬黑的參考，即UVA的防曬。

這種選擇方式，充其量是為防曬而選擇防曬製品，稱不上為保養而選擇。

一瓶防曬保養品或防曬化妝品，擦在臉上，除了基本的防曬功能之外，其他的成分仍然必須是護膚的、安全的。

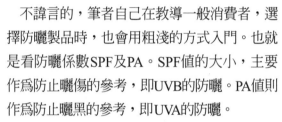

高防曬係數製品，應有的擔心

化妝品製造者都知道，直接將防曬成分擦在皮膚上，是會引起刺激、過敏現象的。也就是說，防曬成分特別是化學性的紫外線吸收劑，對皮膚並不安全。其加入化妝品中的目的，就是單純的防止紫外線。

所以，每一種防曬成分，都有添加上的安全量限制。超過，對皮膚就會有不利影響。

也許你很想知道，防曬成分安全性的排行報

告，這種排行，相信一般消費者無法獲悉。因為，人類應用防曬成分於皮膚保養，時間並不長，嚴格說不到20年。

對於具危險性防曬成分的發現與公布，一直以來，都傾向於消極的等待問題發生，再尋找答案的方式來解決問題。

例如：PABA(Para amino benzoic acid)，就是經民眾使用後，向FDA申訴具刺激性而發現不宜使用的。其實，這就是把消費者當白老鼠來試驗。

當然，科學家也努力地在把關，已經放行到防曬製品中使用的防曬成分，一直不乏人追蹤其安全性。

例如：Octyl dimethyl PABA，在1992年被發表：在經日照後，會分解成致癌物質，且可被皮膚吸收。

基本上化妝品公司，不會刻意使用安全上具爭議性的成分。但這樣的說法，並不等於，市面上不存在不安全的防曬製品喔。

想不透，為什麼不安全，還會有廠商昧著良心去添加吧。

這其中的原因與防曬成分本身的價格及效果

有關。廠商自然追求便宜又大碗的。

也就是說，添加濃度不高，就有良好防曬效果的防曬成分，最受喜愛。

當然，配方習慣也有關係。一般，同一家化妝品公司，會習慣使用某幾樣防曬成分。

這一點，讀者只要仔細閱讀同一品牌的產品，就可以發現不論大小公司，都有這種配方上的習慣。

🌺 辨識防曬製品的方法

對化妝品來說，如果添加有化學性的紫外線吸收劑，即防曬成分，則列管爲含藥化妝品。

含藥化妝品，則必須將含藥成分，清楚地標示在包裝的成分欄上，包括名稱及使用百分比。

所以，讀者不必太擔心，看不出來成分欄上密密麻麻的英文字，那一串才是危險的防曬成分。

作爲消費者，你有權利看到含化學性紫外線吸收劑的製品，就決定不去碰它。當然，你更有權利過濾、瞭解這些成分。

有些聲稱有防曬效果的產品，卻沒有如上述的標示。可能的情況有二：第一，該產品未經台灣衛生管理單位通過。沙貨、直銷商品、進

口商品，曾發現這種情況。

第二，使用的防曬成分，非化學性紫外線吸收劑。而是用物理性粉體，像二氧化鈦、氧化鋅。或用植物萃取液代替。這兩種都可以一般化妝品列管，所以，不標示濃度是可以的。（註：氧化鋅已於89年8月開始列管為含藥化妝品成分）

若是物理性粉體，防曬效果自然不錯。問題只在於消費者的接受度而已。

而若是其他種類的防曬替代物，可能要懷疑其防曬效果是否足夠。一般，粉體之外，非化學性紫外線吸收劑，防曬效果都還有待改善。

所以，一些強調純植物配方，不含化學性紫外線吸收劑的乳霜類製品，甚至是化妝水、精華液等製品，若聲稱具防曬效果，聰明的你，可能需要思考一下真實性了。

其實這種西洋鏡，很容易拆穿。只要送到實驗室，經人造的紫外光源掃描測試，能否吸收紫外線即可分曉。

但國內並無提供這種服務的單位。所以，消費者選擇防曬製品，還是選擇有標示成分與濃度的較可靠。

🌸 防曬成分看這裡

對怕黑的國人來說，光老化是後遺症，可以不需立刻面對。但曬黑了，可就不得了，黑即是醜的觀念，一時還無法改變。

所以，常有人問筆者：哪一種成分是防止曬黑的；又哪一種是防止曬傷的。不論是曬黑或曬傷，基本上，「曬」，即紫外線，對皮膚都不好。所以，選擇時必須兩者兼顧。

紫外線，可分為短波的UVB波長範圍280~320nm，長波的UVA-2(320~360nm)與UVA-1(360~400nm)。一般越長波，穿透的皮膚深度越深，越容易曬黑。

讀者可以從下面的兩個表格中（頁258、259），對照手邊的防曬製品，就可大略知道防曬的波長範圍了。

一般來說，對於UVA-1最長波的部分，絕大多數防曬劑的吸收效果都不佳。

較為出色的是新近才開放使用的Parsol 1789，可以有效地防止UVA-1的穿透。

但在配方上Parsol 1789並不適合搭配粉體，即物理性防曬粉體來製作成化妝品。尤其是二氧化鈦會與Parsol 1789 產生錯合物沈澱，降低

防曬黑成分(UVA紫外線吸收劑)

名　稱 (別名)	可吸收的波長 (安全評價)
Benzophenone-3 (2-Hydroxy-4-methoxybenzophe-none) (Eusolex 4360) (Oxybenzone)	270~350nm (可能引起蕁麻疹、濕疹等現象，也有光過敏反應)
Benzophenone-4 (2-Hydroxy-4-methoxybenzophe-none-5-sulfonic acid) (Sulisobenzone)	260~375nm (可能引起蕁麻疹、濕疹等現象，也有光過敏反應)
Dioxybenzone (Dihydroxy methoxybenzophenone)	250~390nm
Methyl anthranilate	260~380nm
Butyl methoxy dibenzoyl methane (Eusolex 9020) (Parsol 1789) (Avobenzone)	320~400nm
氧化鋅(Zinc oxide)	物理性防曬粉體280~370nm

防曬的效果。

❀較安全的防曬成分有哪些？

以表內資料來說明，水楊酸鹽類(Salicylates)、桂皮酸鹽類(Cinnamates)與鄰氨基苯甲酸鹽類(Anthranilates)是目前被認爲較安全、無刺激性報導的防曬成分。

目前國內市場上的防曬成分，包含進口化妝品，主要使用的UVB紫外線吸收劑，是Octyl methoxy cinna-mate，大約占九成。

防曬傷成分(UVB紫外線吸收劑)

名　稱 (別名)	可吸收的波長 (安全評價)
PABA (Para amino benzoic acis)	260~313nm (易引起皮膚刺激、過敏反應)
DEA-methoxy cinnamate	250~360nm
Ethyl dihydroxy propyl PABA	280~330nm
Glyceryl PABA	264~315nm
Homosalate (Homomenthyl salicylate) (Eusolex HMS)	295~315nm
Octocrylene (Eusolex OCR)	250~320nm
Octyl methoxy cinnamate (2-Ethylhexyl-p-methoxy cinnamate) (Parsol MCX) (Eusolex 2292)	290~315nm
Octyl salicylate (Eusolex OS) (2-Ethylhexyl salicylate)	280~320nm
Octyl dimethyl PABA (2-ethylhexyl dimethyl PABA) (Escalol 507) (Eusolex 6007)	290~315nm (照光後會分解出致癌性的亞硝胺類)
Phenyl benzimidazole sulfonic acid (Eusolex 232) (2-Phenyl benzimidazol-5-sulfonic acid)	270~320nm (可能導致細胞染色體病變,有致癌的可能。)
TEA-salicylate	260~320nm
二氧化鈦(Titanium dioxide)	物理性防曬粉體250~340nm

此成分的規定上限用量，單獨使用時為7.5%，與他種防曬成分組合使用時，比例應下降一些，對皮膚較為安全。

不過，為提高SPF值，超過一半的品牌都加足量到7.5%。而且還同時加入其他防曬成分。基本上，衛生單位允許如此配方，但作為使用者的你，能否接受呢？

應用於防止UVA的防曬成分，主要是Benzophenone-3與Parsol 1789。使用品牌大約各半。

在未公開允許使用Parsol 1789之前，Benzohpenone-3用的最多。但是，Benzophenone-3並不絕對安全，且可以吸收的波長有限，防曬黑效果並不佳。

✿ 新防曬主義──麥拉寧色素

用麥拉寧色素來防曬，是化妝品業者非常推崇的自然安全防曬法。

麥拉寧易分散於水中，對光與熱都十分安定，本身在低濃度下，有類似維他命E的抗氧化作用，並有安定自由基的功能。是目前極流行的防曬配方。

但是，麥拉寧顏色深，利用上，只能低濃度

使用。又阻斷的波長主要也是UVB，若再與Octyl methoxy cinnamate的防曬能力相比，麥拉寧的防曬效果並不佳。

所以，雖稱爲自然、健康的防曬成分，但無法滿足現代人高防曬能力的要求。

❀ 植物性防曬成分，效果不彰

有讀者想到：化學性的防曬成分有害肌膚健康，那麼植物性防曬成分不就安全多了。

這種想法基本上是正確的。實際上，則是製造者的障眼法。

因爲，只要不使用化學性的紫外線吸收劑，就可以不需報請衛生管理單位核准。可以一般化妝品的規範，直接製造上市。

這對廠商來說，方便多了。但對消費者來說，防曬能力沒有保障。

筆者帶領學生，做過市面上幾支標榜植物性防曬的化妝品調查，其防曬能力，只能用乏善可陳來描述。

這原因出在哪裡呢？

確實有不少種類的植物汁液，含有可以吸收紫外線的成分。但是，濃度並不高。

直接取未經濃縮或未經特別抽取的植物萃取

液，要替代化學性的紫外線吸收劑，基本上，是無法發揮應有的防曬效果的。

所以，讀者若選擇這一類，不含化學性紫外線吸收劑或物理性防曬粉體的防曬製品，就應有心理準備，其防曬效果可能不佳。

前面曾提到：防曬是為了皮膚的健康，預防皮膚因為光害而老化。所以，防曬製品中的護膚成分，也是選擇防曬產品的重要依據。

❧ 白天才有防曬的需要

首先要有「白天才有必要防曬」的觀念。

因此，凡是粉底類製品，像是妝前霜、隔離霜、粉霜、蜜粉等製品，若經常於夜間使用，或說上妝時間根本沒有曬太陽的機會，那就不需使用含防曬成分的製品。這樣才能減輕皮膚的負擔，避免皮膚受防曬成分刺激。

❧ 高級保養品，不應添加防曬劑

其次要有「防曬品與保養品分瓶」的觀念。

這種說法較為表淺，仔細地說是：不要選擇含防曬成分，又含高營養價值的保養品。

因為高營養成分的保養品，通常使用高不飽和度的油脂、胺基酸等成分，這些成分是夜間皮膚清潔後，休息時使用。

而為達更佳的保養效率，通常會使用經皮吸

收促進劑，也就是幫助活性成分滲透入皮膚的成分。

若保養品中含有防曬成分，則會一併滲入皮膚中傷害細胞，有違護膚的原意。

❀ 防曬產品應有的護膚成分

防曬品中所使用的搭配成分，應該有可維持角質水分的親水性保濕成分。

種類上，則無禁忌。多元醇類的甘油、丙二醇等，高分子生化醣醛酸皆可。

油脂的使用上，則以抗氧化性強的葵花油、荷荷葩油、紅花子油、開心果油等較佳。

此外，抗氧化劑的加入，可以防止脂質過氧化。抗氧化劑常見的有BHA、BHT、維生素E、EDTA、Carotene、SOD、SPD等。

以防曬品的角度來看，較佳的選擇是維生素E與Carotene。

防曬製品加入太多營養成分，或加入高濃度的果酸、水楊酸、維生素A酸等，基本上都不適合。

對皮膚具滲透性的活性成分，或具有剝離角質的活性成分等，都不宜與化學性的防曬成分一起使用。

含美白成分保養品剖析

一般人選用美白製品，簡單的想法是：可以讓皮膚白皙，而且臉上的色斑可以淡化。

這樣的期待雖不算是奢求，卻也不見得能如願以償。

當美白製品，不能達到你心中的期待時，你是否一味的責怪產品有欺騙之嫌？還是決斷地認爲：美白產品根本沒有用呢？

其實，色斑的種類，關係著美白效果。有的色斑，在皮膚深處生成，擦美白製品，是完全無反應的。

所以，讀者應對自己「黑」的原因有所認識，不要做無意義的努力，既花錢又傷皮膚。

關於色斑的類別與除斑的方法等常識，報章提到甚多，筆者也在《化妝品的眞相》（聯經出版）一書中，詳細地說明過。有興趣的讀者，可自行參考。

基本上，「美白化妝品」是爲了滿足人類愛

美心理，所研發出來的產品。不只是皮膚黑的人想要美白；擁有白皙潔淨皮膚的人，也用美白製品。

所以囉，美白類製品這塊市場大餅，讓製造者絞盡腦汁、用盡辦法，想博得消費者的芳心。

既然人人都想美白，想藉助美白製品來保有白皙的肌膚。筆者在本書中，就不再贅述哪一種色斑才能真正有效淡化。而直接將重點，放在美白成分的個別介紹上。

而不論你的期待是什麼，以愛美的心態來揣測：想美白的人，自然是重視皮膚保養的人。因此選擇美白製品的原則，仍應是以「安全」為前提。不傷害皮膚、不違背保養原則的美白，才能長期使用。

正確的美白觀

前面提到：因為愛美，所以才要美白。因此，美白成分，最好不要背離護膚的原則。

目前化妝品所使用的美白成分，有些只是為了淡化色素而美白，不但不具護膚功能，甚至會傷害健康細胞。

所以，若你真的要長年累月地使用具美白效

果的製品，就應該選擇安全、無副作用的美白成分。

另一個美白的配套措施是防曬。**防曬做得好，美白沒煩惱。**

避免製造黑的機會，不使用美白製品，照樣可以白皙無瑕。這種例子，比比皆是。

筆者假日逛街時，會刻意地走近化妝品櫃，實地瞭解銷售人員的推銷術。發覺現在的專櫃小姐，除了極力強調產品的美白效果之外，還不忘推崇成分的安全性。

但不論哪個牌子，哪一種成分，在專櫃小姐三寸不爛之舌的說明下，都成了既安全又速效的寶物。

筆者常想：我是專業人員，多問多聽裝糊塗，可以幫助我瞭解化妝品真實的銷售狀況。但專櫃人員的這一套說詞，聽在一般消費者、想美白的女性耳裡，會發酵成何種結果呢？消費者真的很難從業者的口中，獲得正確誠實的說詞。

❀ 選擇美白成分的基本原則

照理說，必須具有美白作用機理的物質，才能稱為美白成分。像是熊果素、麴酸、維生素

C等，都是常見的美白成分。雖然同樣可以美白，但這三者對皮膚的美白方式，是不相同的。

若從使用者的需求角度來看，凡是使用後，可以讓皮膚白皙的化妝品，就是美白化妝品。

對使用者而言，去解釋美白的機理，其實是多餘的。像是坊間耳傳的偏方，吃珍珠粉、擦胎盤素、敷各種植物蔬果泥等，只要能白，而且安全無副作用，誰管他有沒有道理。

其實，有些美白成分，對皮膚並不安全。

其可怕之處，在於使用時不易察覺刺激性或傷害。往往到了問題發生了，才猛然知覺，且情形已經不可收拾了。像是汞類製品即是。

當然也有立即發生刺激過敏現象的美白成分。雖是少數，卻能及早警覺，像雙氧水、坊間的一些偏方(例如檳榔葉)。

所以，為了皮膚健康，唯有認識美白成分的個別性質，才能做好預防工作。

筆者將安全的美白成分用「☆」表示；危險的用「◆」表示；促進皮膚新陳代謝，值得長期信賴的用「○」表示；安全但不宜經年累月使用者以「△」表示。

❀ 美白成分看這裡

（1）維生素C ☆

(Vitamin C)

維生素C又名抗壞血酸，Ascorbic acid。是一種強還原劑，具有抗氧化作用，也可稱之為抗氧化劑。可以還原黑色素成淡色的麥拉寧。

維生素C的美白效果，跟本身的結構有很大的關係。

可以發揮美白作用的是L型，即左旋的維生素C。天然的維生素C就是L型的維生素C，而合成者通常混合著D型與L型兩種。

D型的維生素C，是不具生理活性的。

所以，有些以維生素C為美白成分的化妝品，會強調用的是L-Vit. C。

維生素C淡化黑色素的方式，十分的溫和安全。其作用對象，主要是已經形成的黑色素，安全上是可以放心的。

但眾所周知的，維生素C不耐熱、不耐光，容易接觸空氣而氧化。所以，在利用上必須加以保護，才不會失去還原力。

🐝 同樣含維生素C，美白效果並不相同

化妝品製造上用兩種方式來利用維生素C。一是將維生素C製成油溶性物質，例如Vitamin C stearate(或Ascorbyl stearate)、Vitamin C 2,6-dipalmitate(或Ascorbyl dipalmitate)。這除了可以安定維生素C的還原力之外，還有利於製劑易於滲透入皮膚中。

另外的方法是，將維生素C製成磷酸鎂鹽(Magnesium ascorbyl phosphate, APMg)再利用。據悉，APMg經皮膚吸收後，可以被皮膚內的磷酸鹽分解酵素所分解。分解後，維生素C可釋出執行還原工作。

比較之下，未經改良的基本型維生素C，在利用上就有些麻煩。

基本上，直接將維生素C，加入化妝品的配方中，其效果是不佳的。特別是一些含有水分的製品，像化妝水、美容液、乳液、面霜等，維生素C都會自行氧化而失去作用。

市場上，有一種個別包裝維生素C粉末的美白粉，讓使用者在塗擦前，再開封與化妝水調勻使用。這種方式，就是在確保維生素C的效用。

所以，絕對不要嫌麻煩，自作聰明先調配好，或爲了節省，放著用好幾天。其實效果早就不見了。

維生素C還有一種方式可以利用，那就以包裹的方式，先將維生素C包覆在如膠囊般的微粒子中，再入化妝品製造。

所謂膠囊般的微粒子，是指磷脂囊或稱微脂粒(Liposome)、微粒子(Nanopartical)等磷脂質組成的空心球。

這種空心球，可以將維生素C充塡入其中，並有效的攜帶入皮膚的裡層，再崩解釋放出維生素C來進行美白。

此外，試管中的實驗也證實了：維生素C具有抑制酪胺酸酵素活化的功能。

所以，只要維生素C眞的能夠滲透到皮膚的基底層，其美白效果是雙重功效的。即還原黑色素與抑制黑色素的生成。

（2）麴酸 ☆

(Kojic acid)

人體內的銅離子，具有活化酪胺酸酵素的作用。

酪胺酸酵素，是黑色素形成的主要酵素。因此，諸多的美白成分，其美白效果的參考指標，都是以能否抑制酪胺酸酵素的活性爲依據。

麴酸可以與銅離子結合成惰性物質，使銅離子無法再與酪胺酸酵素結合。因此，可抑制酪胺酸酵素進一步行動。在美白方式上，稱之爲「螯合」。即抓住銅離子的意思。

麴酸本身取源自米麴菌，是自然發酵過程中的產物。對人體、皮膚均無害。

利用上，也有技術上的問題要克服。基本型的麴酸，除了會螯合銅離子之外，對其他多價金屬離子，也會產生螯合。再者，配方上必須是酸性，且需有抗氧化劑的搭配，才不會有變色的現象。

因此，讀者在選擇麴酸爲美白成分時，應注意到配套的成分，最好是加入抗氧化劑，像是維生素E、BHT、SOD、β-Carotene等。

另外爲了減少紫外線的作用，紫外線吸收劑也不可少。偏酸性的配方，對於過敏型膚質，可能造成針刺般的過敏反應。

目前新一代的麴酸利用，其方式類似維生素

C，即製成油溶性的麴酸。典型的成分為Kojic dipalmitate(或Kojic acid dipalmitate)，商品名稱為 KAD-15。

製成油溶性之後，配方上對酸鹼的適應範圍 大，也不會先行與其他金屬離子螯合，同時不 易變色，可以免去紫外線吸收劑的使用。

所以，選購上，應以油溶性者為佳。

（3）對苯二酚 ◆

(Hydroquinone)

對苯二酚，在醫藥界是可以使用的。

但放在以護膚保養為宗旨的化妝品領域來 說，則是具危險性的成分。基本上，化妝品禁 用對苯二酚。

對苯二酚具有抑制酪胺酸酵素活性，以及破 壞已經形成的黑色素細胞的能力。

醫界以2~5%的外用藥膏，來治療皮膚表層 色斑。通常還會搭配果酸換膚來提升代謝效 果。

但不論如何，藥膏是用來治療，不是拿來美 白保養用的。

所以，即便是你有辦法買到含有對苯二酚的

藥膏，也不建議你自行使用。

一來，對苯二酚過度使用，會引發細胞毒性反應，對皮膚造成傷害。二來，對苯二酚非常懼光，產品容易變色、變質，往往需要配合大量的紫外線吸收劑或抗光劑，例如偏二硫化鈉(Sodium metabisulfite)，對皮膚來說，是一大負擔。

使用期間，皮膚普遍有泛紅現象，醫師稱之爲正常副作用，但這其實就是刺激過敏的表徵。

所以，除非是有明顯的色斑必須求助醫師，否則整臉大面積的塗擦，是非常不理智的行爲。

（4）熊果素 △

(Arbutin)

熊果素的流行風，應該是資生堂廣告帶動的。護膚沙龍間則稱之爲「捕黑素」。

熊果素取自植物，爲越橘科植物，熊果葉萃取而得。其分子結構中，有對苯二酚與葡萄糖。

美白作用與對苯二酚相同，即抑制酪胺酸酵素的活化。但因爲結構中的葡萄糖分子，使得

刺激性大為降低。

熊果素的作用速度,比維生素C快,且與對苯二酚比較起來,無立即的刺激性。但這並不表示對皮膚絕對安全。

熊果素滲入皮膚中,仍必須還原成對苯二酚的型態,才能發揮作用。

筆者並不同意,坊間業者將熊果素,提升為既能美白又可護膚的優良成分。

讀者在使用一段時間之後,仍應停用,搭配其他較溫和的成分持續擁有白皙肌膚,才是安全有保障的作法。

(5) 穀胱甘肽 ☆

(Glutathione)

穀胱甘肽取自植物酵素,特別是啤酒酵素。是含硫氫基的胺基酸。

硫氫基對酪胺酸酵素的活性,具有制衡效果。可使黑色素的生成緩慢,達到美白的理想。

值得推薦的是:穀胱甘肽本身也是極佳的抗氧化劑,可以捕捉自由基,達到抗老化的作用。

（6）桑椹萃取液 ☆

(Mulberry extract)

桑椹萃取液，應用於美白已經行之多年了。

一般以桑椹萃取為美白成分的產品，通常會再搭配其他植物萃取成分合併使用。

其目的當然是要發揮協同效果。常用的搭配成分主要有果酸、葡萄子萃取等。

桑椹萃取液具有抑制酪胺酸酵素活性的功能，所以能有效控制黑色素的生成。

基本上，植物萃取的成分，其安全性均較高，副作用、後遺症也較少。所以，在安全考量下，長期使用較無皮膚健康上的負擔。

類似作用的成分，在中藥草中也不少。其安全性均值得信賴。

目前再度以試管試驗證實：具有抑制酪胺酸酵素活性的中藥成分有：桑皮白、桑枝(其實就是桑椹萃取)、當歸、防風、獨活、大黃、甘草、牡丹皮、木瓜等。

（7）甘草萃取 ○

(Licorice extract)

嚴格說，甘草不算是美白成分。但臨床證

實，甘草確實具有協同美白的作用。

甘草成分，主要含的是具解毒、抗炎的物質。最爲具體的成分是甘草甜素(Glycyrrhizine)，又名甘草酸(Glycyrrhizinic acid)。

化妝品利用上，則主要爲水溶性的甘草酸鉀(Potassium glycyrrhizzinate、Dipotassium glycyrrhizzinate)與油溶性的烷基甘草酸(Stearyl glycyrrhizinate)。

效果上，以油溶性者美白效果較明確；水溶性者則對角質層受損的抗發炎、抗過敏效果較佳。

坊間沙龍有以「百分之百濃度的甘草精」名稱，作爲美白成分，其實就是油溶性的甘草酸。

若以安全性來衡量，甘草萃取是自然安全又溫和的成分。尤其對敏感性肌膚，更具保護免於受刺激的作用。因此，過敏性肌膚想美白，這是不錯的選擇。

（8）胎盤素○

(Placenta)

如果不考量取源，胎盤素算得上是美容聖

品。

　取自動物胚胎的胎盤素，含有胺基酸、酵素、激素等，可以復活細胞機能的珍貴成分。

　胎盤素，自然不能以簡單的美白成分視之。因爲無法交代美白的機理，既無抑制酪胺酸酵素的功能，也沒有破壞黑色素或還原色素的作用。

　惟臨床上，使用胎盤素不只可以改善粗糙老化的肌膚，還可淡化皮膚上的斑點，全面性的美白效果也相當不錯。

　解釋這種種的效果，恐怕都只能從「活化細胞」的角度來看。細胞被活化，自然的，新陳代謝的功能就活絡起來，皮膚像注入活水般顯得細緻、光滑，角質更新代謝正常，白皙肌膚自然唾手可得。

　讀者該注意的是，強調含胎盤素的化妝品之眞僞。

　因爲，以目前的胎盤素取源來看，要大量入化妝品配方中，並不可能。同時胎盤素的活性成分含量多寡，也差距頗大。

（9）果酸 △

(Fruit acid)

果酸也是具有美白實際功效，但沒有美白機理可證實的成分。

果酸的作用：主要是促進角質層的代謝。因此，在皮膚的表徵上，會產生美白的功效。

對於淺層色斑，尤其是因為日照所產生的皮膚黝黑，果酸所發揮的功效，是具有高滿意度的。

說穿了，是因為這些淺層的黑色素，本來就容易經由皮膚角質，以自然代謝的方式去除，所以果酸會在這時候顯現極佳的協助效果。

對於深層的色斑，果酸若想達到剝離的效果，則必須使用高濃度的果酸換膚術。

讓高濃度的果酸，作用到真皮上層，才能順利去除雀斑、肝斑類型的色素斑。

讀者千萬別以為，一般化妝品專櫃或護膚沙龍買的果酸，可以作換膚效果。真正果酸換膚術，是皮膚科醫師的執業範疇。

在換膚過程中，會有真皮層組織液的滲漏，並伴隨發炎紅腫，必須有配套的護理措施，像是抗炎藥物的使用等，才能確保安全。這些事

情，當然無法自行處理。

一般市面上買到的果酸，濃度雖不相同，但絕大多數在8%以下。

基本上，角質層必須維持適當的厚度，皮膚自身的防禦功能才能健全。長期使用果酸，或許在肌膚美的表現上，會令人十分激賞。

但長期角質偏薄，免疫功能有可能下降，易形成敏感性膚質。

所以，建議讀者，使用果酸一段時間，應讓皮膚休養生息，換另一種方式保養。例如：甘草酸、桑椹萃取、熊果素輪流著用。

（10）其他美白成分

美白成分自然不只有上述九種。目前市面上仍有多種美白效果極佳的成分，但普遍性不高，筆者僅簡單列出，作為參考。

杜鵑花酸 (Azelaic acid) ☆

學名壬二酸。原為治療面皰的成分，請參閱本章單元6。

試管試驗證實：杜鵑花酸具有抑制酪胺酸酵素活化的功效，但效果極微。若作為美白主成

分，無法滿足使用者的期待。但就安全性考量，則不失爲高安全性的成分。

美拉白 (Melawhite、Biowhite) ☆

美拉白是合成的多肽胺基酸(Glycopeptides)。具有制衡酪胺酸酵素活動的功效。胺基酸的結構，對皮膚的細胞較爲安全、無副作用。效果上至爲明確，即爲美白而美白。

這一類強調美白效果的製品，主要的銷售通路是護膚沙龍。製品的酸鹼也較爲適中，約在pH6~7之間，一般膚質使用不致引發過敏或刺激。

ASCIII ☆

ASCIII也是新開發合成的美白成分。全名稱是Amplifier of Synthesis of CollagenIII。屬於對苯二酚(HQ)的衍生物。結構與熊果素雷同，作用也與之相同。

事實上，化妝品界不斷的開發各種可用的原料，像是抗老化成分、抗氧化成分、美白成分、細胞生長因子等，都是極熱門、需求殷切的活性成分。

但新成分，不等於好成分、安全的成分。讀者恐怕要自行考量得失。謹愼型的人，不願當

白老鼠；勇於嘗試型的人，則優先享受科技的好處；得失難斷。

目前美白成分的開發，多傾向於HQ的衍生物方向。也就是說，HQ的美白作用，相當受到肯定，但因具細胞毒性而難以應用。

因此，舉凡將安定的保濕成分與HQ架接成新成分，或將抗氧化劑與HQ合而為一，都是未來可預見的美白成分。

過氧化氫，雙氧水 (Hydrogen peroxide) ◆

市面上大概買不到，以雙氧水作為美白成分的保養品。但是部分沙龍，會以雙氧水作為皮膚的漂白劑。

其作用方式，就是直接漂白黑色素，像漂白水一般。

雙氧水對皮膚是具有刺激性的，在化妝品的領域中，主要的用途是作為染髮劑的色素漂白成分，或燙髮劑的第二劑。接觸到皮膚，會有刺痛感。

讀者要注意的是到沙龍作全身性美白療程時，不要使用這一類成分。

汞化合物 ◆

含汞的美白製品，雖已不多見，但並未銷聲

匿跡。筆者還經常會接到委託測試的產品，呈現含汞反應的情況。

製品來源，少部分是國內廠家製造，大部分來自中國大陸、印尼、馬來西亞等地區。製品種類，則以可作為粉底使用的珍珠膏型態者最多。

汞滲入皮膚後，會立即與表皮層的蛋白質結合，破壞酵素的活動，所以黑色素無法形成，效果十分迅速。

但是，使用含汞製品的後遺症，是會讓人悔不當初的。汞塗擦在皮膚上，會與皮脂腺分泌的脂肪酸結合而沈澱，成為另一種色斑，稱為汞斑。

這種色斑，無法用美白製品去除。基本上，是一種外來物的色塊沈著，要去除只有靠雷射等醫療方式。

單元 11

抗老化保養品剖析

❀ 老，是騙不了人的

常看到電視節目中，回顧一些以前表演的節目帶，你可以輕易的從螢幕中看到明星們十幾二十年前的模樣。

也許有人會說，年輕時膚質很差，滿臉青春痘又黑又醜的，現在皮膚反而因為照顧得很好，整個人比以前更年輕……等等的話。

然而不論他們怎麼說，絕對不會有人把20歲的張菲看成是40歲的張菲，或者是把20歲的江蕙與她現今的長相相混淆。

容貌，因年齡的增長而漸趨老化，是自然而然，難以抵抗的天敵。我們可以讓膚質保持一定的水準，或光滑細緻、或無斑點細紋。但肌肉紋理下垂、彈性不再，相貌所呈現的老態，是無法以塗擦保養品的方式來挽回的。

抗老化保養品的理想，當然是極力挽留青春，但實際上卻無法辦到。

所以，讀者必須理解：保養品只能延緩肌膚老化、改善已經發生的皮膚老化現象。可以使膚質保持光滑細緻，卻無法讓老去的容顏回復年輕。

因而，極力想留住容顏之美的人，最後只能藉助整型手術來力挽青春。像是去除眼袋，沒有任何眼霜可以去除眼袋。例如拉皮、膠原蛋白注射、自體脂肪注射等手術。

❋ 保養品不是抗老的仙丹妙藥

老化，當然不只是皮膚保養的問題。身體的健康狀況，可以影響到膚質、氣色。

壓力，也是皮膚老化的殺手。據報導指出，壓力會使紫外線曬傷所產生的發炎現象，更加嚴重。同時色素沈著的現象更明顯。

又譬如長久處於緊張狀態下，這種壓力會引發循環機能亢進，長時間精神緊繃下來，對皮膚的老化也有間接性的影響。

不良的飲食習慣、菸酒嗜好、作息不正常等，也都是造成皮膚老化的原因。所以，肌膚之美，不單是保養品的有效與否能掌控。生活的調適，占極關鍵的角色。

本書的重點，不是在談論養生之道。筆者希

望你注意到的是：當保養品功效不如預期時，不要鑽牛角尖，認為是品質不佳，而一味的尋找更高級、更高價位的保養品。有時候考量自身的問題，調整改善，才能有效的防老。

❀ 小心「抗老化」，被當成廣告詞

雖然，年輕不能挽回，抗老也有自欺欺人之嫌。但抗老化保養品，確實有極大的市場需求。因而，各廠家仍投入於新抗老成分的開發，並研發新的技術，企圖讓保養成分，能在臉上發揮令人滿意的效果。

說到抗老化成分，並沒有絕對的標準來定義。

舉凡具保濕效果的保濕劑，像PCA-Na、醣醛酸，或植物油，像小麥胚芽油、酪梨油、夏威夷核果油等，都有化妝品公司在廣告上，標榜具有抗老化效果。

如果所有保養品的保濕、保水成分，都算是抗老化成分。那麼，連嬰兒乳液都可以稱為抗老化乳液了。

所以，真正需要選購抗老化製品的人，往往因為無法辨識成分是否適用，而買了不恰當的保養品。

如果要怪廣告不實在，恐怕於事無補，不論再等10年、20年，廣告永遠是廣告，誇大不實是通病。說實話的廣告是招攬不到生意的。有哪一家公司，願意看著別家公司，寫著小麥胚芽油，可以抗老化、避免皺紋生成，他們願意只說是滋潤肌膚、防止乾燥呢？

✿ 抗老化保養品的真諦

抗老化保養品，必須是能夠：積極解決皮膚乾燥缺水、代謝緩慢、膠原蛋白缺乏、彈力蛋白無法再生，以及皮膚免疫系統功能減退等問題。

抗老化成分，至少必須具有上述的功效之一。

抗老化保養品，必須含有抗老化成分。再搭配防曬、去角質、油脂保水成分等，共同架構而成。

缺了真正的抗老化成分，就算含有高防曬係數的紫外線吸收劑、高濃度的果酸去角質、各種營養用油等，都只能算是一般的保養品，沒有資格冠上「抗老化」的名稱。

為了方便讀者釐清：抗老化成分的真正作用。以下將抗老化成分列出說明。同時也將市

面上，經常標榜的抗老化成分，一併介紹其價值。相信可以幫助你有效的過濾手中各式各樣抗老化製品。

🌿 抗老化成分看這裡

抗老化的步驟是：先去除已經形成的皺紋與粗厚角質，再進行高效保濕。隨後加入抗氧化劑與自由基捕捉劑，避免皮膚快速老化。最後使用增強皮膚免疫力的成分，提升自身防禦功能。

而鮮少有單一抗老化成分，可以同時具有多種的功效。

因此，抗老化保養品，仍須多種活性成分來搭配使用，才能使效果圓滿。

請與筆者一起瀏覽，各種抗老化成分的作用。

（1）維生素A酸

(Retinoids、Retinoic acids)

維生素A酸，又名視黃酸。與其結構、功能相似的成分，還有維生素A醇及維生素A醛。

維生素A酸，是有名的面皰治療劑，特別是黑頭粉刺。可有效促進表皮層角質化的細胞，

分裂正常化。有關的內容,可參閱單元7面皰肌膚專用保養品。

當維生素A酸,經由適當的媒介,滲透到皮膚裡層,發現:有很好的改善粗糙膚質、去除皺紋以及淡斑的功效。

對老化肌膚而言,維生素A酸,是效果最好的除皺劑。臨床上,更有數據顯示:使用得宜的話,可以提升彈力纖維再生的能力。

有關於彈力纖維再生的能力如何,筆者不予論斷。基本上,若欲增進彈力纖維再生,有其他更合適、有效的成分可利用。對維生素A酸而言,這只能算是附加的功效。

因為維生素A酸的優良除皺功效,造就了她在抗老化保養品中的地位。但不論如何,老化的肌膚,如果只是除皺,並未解決所有的老化問題。你不能只依賴維生素A酸,為你帶來皮膚的春天。

再者,維生素A酸雖然好用、有效,副作用也不少。

最主要的副作用是引起刺激、紅腫的現象。也因為表皮變薄,皮膚立刻降低防衛能力。

所以,使用到一些化妝水或洗面乳等,對角

質浸透性高的化妝品時，會有立即的刺痛感。這對皮膚來說，都不是好現象。

另外，維生素A酸，是具光敏感性的。所以，並不適宜在白天使用。一些強調白天也可以使用的維生素A酸製品，基本上，會搭配高濃度的防曬成分，以避免紫外線的光害。

筆者建議，防曬與除皺分開較為安全。也就是說，不建議使用具防曬效果的這一類產品。

因為A酸的去角質能力強，使紫外線吸收劑更容易滲入皮膚中，對皮膚的健康影響是負面的。

除了維生素A酸之外，目前沙龍用的保養品，已經流行用A醛及A醇來替代。

A醛及A醇都是維生素A的衍生物，塗擦到皮膚上，最終仍會轉換成A酸的形式與皮膚作用。

但是在刺激度上，A醛與A醇都比A酸小多了。所以，讀者也可注意這一類成分的商品，用以取代有刺激性的A酸。

而不論是A酸、A醛、A醇，雖刺激度、效果不太相同，但功能是相同的。也就是除皺。

過度的除皺，對健康肌膚來說，是具有傷害

性的。除非除皺的機制不是去角質，否則對皮膚自然的抵禦功能，都會有負面的影響。

因此，不論用的是A酸或其他果酸類成分，過度使用都不好。

（2）醣醛酸

(Hyaluronic acid)

醣醛酸又名玻尿酸。是極佳的生化保濕劑。有關醣醛酸優異的保濕性，請參見單元4乾性肌膚專用保養品。

醣醛酸是真皮層中重要的黏液質，具有強吸水性。

對於老化缺水的肌膚，有必要搭配高效保濕的成分，以維持角質層的高水合狀態。醣醛酸可以有效保濕，搭配去除角質的老化肌膚使用，是極佳的選擇。

然而，你不能期待，只使用高濃度醣醛酸的美容液或保濕乳霜，就能替代抗老化製品。畢竟醣醛酸只有保濕性，無其他可進一步期待的保養功效。

（3）神經醯胺

(Ceramide)

神經醯胺是角質層細胞間脂質的重要成分。

神經醯胺是由表皮細胞製造生成，俗稱分子釘。分布在角質細胞間，用以形成完整的角質層阻隔系統。

換言之，神經醯胺是表皮防衛系統的重要角色。

當皮膚因為老化或不當傷害而使細胞間脂質流失時，皮膚的防衛系統就無法正常運作。顯現出來的表象，就是乾燥、易過敏的膚質。

在敏感性肌膚保養品單元中，就提過神經醯胺的補充，可以強化皮膚的免疫功能，是敏感性皮膚增強抵抗力的優良成分。

不只是敏感肌膚可用，事實上，對神經醯胺流失的老化肌膚而言，適當的補充，更有助於老化肌膚的改善。

神經醯胺可以有效地改善角質細胞的黏合力，使細胞緊密結合，減低水分散失。所以，看到的效果，是皮膚防禦力的提升及保濕能力的改善。

與神經醯胺有異曲同工之效的成分，尚有神精鞘脂質(Sphingolipid)、糖鞘脂質(Glycossphingolipid)等。

（4）胎盤素

(Placenta)

胎盤素抽取自動物胎盤。含有豐富的維生素、蛋白質、酵素、核酸等生化成分。

胎盤素屬於複合的營養成分，這些營養成分都是細胞生長的重要元素。所以，在效果上自然優於其他單一組成的活性成分。

至於功效上，胎盤素主要是激發細胞再生，促進老舊細胞新陳代謝。所以，在保養的功效上相當顯著，可以看到素肌之美。像是豐潤、彈性。

當然，單獨使用胎盤素，最佳的皮膚條件是，皮膚不過於粗糙或角質不肥厚者。

因任何的活性成分，都必須有效滲入皮膚，才能發揮功效。若角質過厚，自然無法順利滲入，效果就要打折了。

目前化妝品原料界，標榜使用植物性胎盤素，其實與動物性胎盤素是不相同的。

所謂植物性胎盤素，是抽取自豆類植物所得的成分。因這一類抽出液的組成與動物胎盤素相似，含有維生素、蛋白質、酵素、核酸等成分，所以稱之為植物性胎盤素。

其效果是否可替代動物性胎盤素？不得而知。因為動植物所含的維生素、酵素等種類，是不可能相同的。所以，效果仍有待觀察。

至於安全性上，則較無爭議。因為動物性胎盤素，在過去還存在有異體動物的排斥現象，也就是人類皮膚會引起過敏不適現象。這種現象，植物性胎盤素擦在人體皮膚上，反而沒那麼嚴重。長期使用，對皮膚沒有負面影響。

（5）胸腺萃取

（Thymus peptides）

胸腺萃取是由小牛胸腺抽取而得。其功效與胎盤素類似。

（6）β-甲基羧酸聚葡萄糖

（β-1,3 Glucan，CM-Glucan）

Glucan是葡萄糖組成的多醣體，是由酵母細胞壁中取得。是酵母壁細胞中唯一具有免疫活

性的物質。可活化巨噬細胞、藍格罕氏細胞，是免疫系中非常有效的激活物質。

活化巨噬細胞，可產生細胞分裂素以及表皮細胞生長因子。有效增進皮膚免疫系統的防禦能力，並提升表皮傷口的修復功能。

活化藍格罕氏細胞，可幫助皮膚建構自體防禦功能。

又因爲促進表皮細胞生長因子的增生，所以加速了膠原蛋白及彈力蛋白的再造。皮膚的皺紋、彈性等問題，同時獲得改善。

Glucan的另一項功能是：抑制脂質過氧化。其作用機轉，不是捕捉已經形成的自由基，而是刺激細胞自身產生保護作用。

所以，在抗老化保養成分中，Glucan是相當被看好的活性成分。

當然，Glucan的效果，若要發揮出來，還得看是否能順利被皮膚吸收才能論斷。

各化妝品公司所使用的Glucan，基本上結構是不太相同的。原始型態的Glucan抽出物，並不易被皮膚吸收，必須再經實驗室，以合成的方法修飾過才能利用。

所以，讀者選購以Glucan爲抗老化成分的保

養品時，最好選擇有臨床實驗數據，證實其效果的品牌。

（7）去氧核糖核酸

(DNA)

DNA是細胞核的主要成分。其在細胞核內的功能為：複製DNA及蛋白質的合成。當DNA的機能衰退，蛋白質的合成就會受到影響而緩慢下來。

所以DNA缺乏時，皮膚無適當的新生細胞補給，就易形成老化現象。

基本上，DNA是細胞生理活性最直接的主宰，操控著細胞正常的運作。所以，稱DNA為細胞的復活劑也不為過。

從臨床上觀察，將DNA直接塗擦於皮膚上，仍可以有效的促進細胞核分裂、細胞增殖。乾燥、粗糙、皺紋等皮膚現象，均獲得改善。

基本上，DNA並未定位為抗老化成分。一般健康肌膚者使用，效果一樣不錯。只不過，對於老化肌膚，DNA更有救火隊的價值。

另外要注意的是：對於生化類的成分，要格外注重取源與效能。不能只憑仿單上的文字，

寫了DNA就認為有效。

因為取源、保存與製造成產品的方法，都會影響到有效性。能夠看到提出實驗數據的話，是較為有保障的。

（8）超氧化歧化酵素

(SOD)

SOD(Super Oxide Dimutase)，是人體內自行產生的自由基防禦成分。

自由基在人體內各種代謝反應中，伴隨生成。

正常生物體內，自由基與SOD是會互相制衡的。但當環境因素惡化，體內自由基會過量的增生，造成失衡現象。

不安定的自由基對正常細胞，具有攻擊、破壞的能力。造成細胞無法發揮正常生理機能，老化問題自然產生。

自由基的增生，受外在環境影響至巨。紫外線就是最大的兇手。

使用含SOD的保養品，可以有效捕捉自由基，使免於傷害正常細胞，防止細胞受損、病變。

研究報導指出：SOD對皮膚的貢獻，包括增強角質層的障壁功能、減少皮膚炎症、協同美白、防止皺紋生成等。

事實上，這些效用都是自由基減少後，所伴生的細胞正常化現象。並不能視爲SOD所具有的實質效果。

換言之，健康、正常的肌膚，若無外界環境的傷害(例如髒空氣、紫外線等)，擦拭SOD保養霜，要期待肌膚之美，恐怕是緩不濟急的。讀者不妨選擇這一類成分，作爲健康食品食用，其效果反而更全面性、更積極。

（9）高海藻歧化酵素

(SPD)

SPD(Super Phyco Dismutase)，與SOD同屬於自由基捕捉劑。兩者的相異處有二，來源不同與分子量差異頗大。

SPD提煉自海藻，分子量較小，約8000~9000，對皮膚的穿透性較SOD佳，所以，效果上不輸給SOD。

實驗數據亦顯示：SPD的全方位功效，即保護皮膚病變、減輕炎症、調節油脂分泌、美

白、防老化等效用。

基本上,這些說法,與SOD的陳述是相同的。也就是健康運作的細胞,帶動全面性的健康膚質。

但請注意,這種效果只能期待,不能短時間奏效。

換言之,把SOD、SPD當成高級保養品中的必備成分,特別是經常曬太陽、在戶外活動的人,她可以阻止皮膚受到傷害,是捍衛健康的勇士,但不是建築美麗的工兵。

(10) 表皮生長因子

(EGF)

EGF(Epidermis Growth Factor),是皮膚細胞生長因子之一。

細胞生長因子,能夠促進細胞的生長、增殖與合成的作用。其結構乃胺基酸的縮合物多肽類(Polypeptides)。

表皮細胞生長因子,很早就被發現。經研究發現:EGF在體內或體外,均有復活細胞的功效。將EGF塗擦於皮膚上,可同時作用於角質細胞、纖維細胞、平滑肌細胞與內皮細胞。促

使這些細胞生長、增殖。並觀察到纖維細胞因而新生膠原蛋白。

其實，表皮生長因子，是皮膚科手術中，常用的創傷修復劑。醫學美容中，換膚或凹洞填平等手術，也有應用EGF協助皮膚修復的實例。

應用於保養品中，EGF對細胞的修復與增殖作用，表現出來的抗老化功效是：增強了皮膚細胞自我修復的能力，以及激發膠原蛋白的合成。

目前應用於化妝品的細胞生長因子，還有真皮生長因子(DGF)與DNA生長因子。其取源大部分是動物的臟器組織細胞或血液，也有經植物性蛋白分解提煉而得的。

多肽類的細胞生長因子，是生物工程技術，對化妝品的重要貢獻。

未來的抗老化成分，會逐漸走向生物技術抽取物來應用，也就是生化化妝品時代的來臨。能否取代傳統的保養品，且讓我們拭目以待。

對於抗老化，不論活性成分的效果有多麼的神奇，讀者都應有正確的觀念：「保養，是長久不宜間斷的功課。必須持續使用，效果才能

顯現。一旦停止使用這些活性成分，一段時日之後，皮膚會恢復自然的老化。」

抗老化保養品

1. 抗老步驟：

A. 先除皺、去角質 ➡ 維生素A酸、果酸、水楊酸

B. 保濕、潤膚 ➡ 醣醛酸、胎盤素、神經醯胺、胸腺萃取、DNA

C. 抗氧化、捕捉自由基 ➡ SOD，SPD，維生素E、C

D. 增強皮膚免疫力 ➡ Glucan、細胞生長因子、神經醯胺

2. 抗老配套：防曬、規律生活，配合健康食品

單元 12

日、夜間專用保養品剖析

　　保養品是否有日間使用或夜間使用之別？追究這個疑問，可以從化妝品市場上的日霜與晚霜說起。

　　日霜，簡單的意思就是限於白天使用。同樣的，晚霜就只能晚上用。這種分類法，基本上是要讓消費者容易分辨使用。

　　筆者並不認為，消費者只要按照標示去使用日、晚霜就絕對正確安全。

　　因為目前有太多的保養品在晚霜中，加入了紫外線吸收劑，如果你不明究裡地使用，對皮膚一樣有不良影響。

　　為什麼會在晚霜中，加入紫外線吸收劑？這要怪就怪活性成分漸趨複雜化惹的禍吧。

　　有越來越多的成分，加入化妝品配方中。而這些活性成分，若是懼光成分，或說是光敏感成分，就需加入適當的光安定劑來防止變質。紫外線吸收劑就是方便有效的光安定劑。

　　但紫外線吸收劑，除了物理性的防曬粉體之外，化學性者幾乎均爲油溶性的合成物質。

　　這些物質對皮膚細胞是有傷害性的。長期浸潤在紫外線吸收劑中的細胞，會有明顯的中毒壞死現象。

　　所以，讀者應自行過濾，晚霜中是否含有紫外線吸收劑，若有，最好不要晚上使用。關於紫外線吸收劑，請參閱單元9含防曬成分保養品。

　　如果你覺得太辛苦了，每一種產品都要過濾很麻煩。那麼再提醒你：特別留意美白類製品、維生素A酸製品。

　　白天使用晚霜又如何？

　　基本上，晚霜的成分，若不含光敏感成分，並無限制什麼時候使用。所以，如果白天不出門或不曬太陽，用晚霜保養反而比日霜安全有效。

　　當然，一般晚霜的配方偏油，特別是老化皮膚用的晚霜。也是令人不想在白天使用的原因之一。

　　晚霜爲什麼較日霜油？其道理很簡單，日霜配合白天的活動習慣或化妝的需求，需要考量

到舒適性及上妝的方便性。所以，較低油脂。晚霜則設定爲皮膚休息時間使用。所以，油性滋潤成分比例會較高。

　　使用晚霜，要注意不含防曬成分。相對的，日霜就要注意到最好含有防曬效果的成分，可能的話，抗氧化劑也應含有。

第五篇

理療成分便覽

清潔成分

中文名稱	英文名稱	參考頁數
十二烷基硫酸鈉	SLS, Sodium lauryl sulfate	17
聚氧乙烯烷基硫酸鈉	SLES, Sodium laureth sulfate, Sodium lauryl ether sulfate, Sodium laureth-2 sulfate, Sodium trideceth sulfate	18
磺基琥珀酸酯類	Disodium laureth sulfosuccinate, Disodium lauramido MEA-sulfos-uccinate	19
烷基磷酸酯鹽	MAP, Mono alkyl phosphate	20
醯基肌氨酸鈉	Sodium cocoyl sarcosinate, Sodium lauryl sarcosinate	19
烷基聚葡萄糖苷	APGs, Alkyl polyglucoside, APGs	21
兩性型界面活性劑	Lauryl betaine, Cocoamidopropylbetaine, Lauramidopropyl betaine	21
胺基酸系界面活性劑	Acylglutamates Sodium N-lauryl-l-glutamate, SodiumN-cocoyl-l-glutamate, N-cocoyl glutamic acid, TEA N-cocoyl glutamate, Potassium N-cocoyl glutamate	22
其他優良清潔成分	Imidazoline Acyl amphoglycinate B-N-Alkyl aminopropinic acids Sodium lauriminodipropinate Sodium-B-iminodipropinate Alkyl amphoacetate acids Sodium cocoamphoacetate Disodium cocoamphodiacetate	22

洗臉抗痘成分

中文名稱	英文名稱及別名	參考頁數
三氯沙	Triclosan, Irgasan DP-300	36
水楊酸，B-柔膚酸，柳酸	Salicylic acid	37
硫磺劑	Sulfur	38
過氧化苯醯	Benzoyl peroxide	39
維生素A酸	Vitamin A acid; Retinoic acid; Retin-A	40
茶樹精油	Tea tree essential oil	41
雷索辛，間苯二酚	Resorcin	42

洗臉抗敏成分

中文名稱	英文名稱及別名	參考頁數
甘菊藍	Azulene	54
甜沒藥	Bisabolol	55
洋甘菊	Chamomile	55
尿囊素	Allantion	55
甘草精	Licorice, Glycyrrhiza	55
油溶性甘草酸	Dipotassium glycyrrhetinate	55

毛孔收斂成分

中文名稱	英文名稱及別名	參考頁數
水楊酸	Salicylic acid	36,37
酵素	Enzyme	60,61
收斂劑	Astringent	61
氫氧化鋁	Zinc chloride	
氯化氫氧化鋁	Aluminium hydroxychloride	
氯化鋁	Aluminium chloride	
苯酚磺酸鋅	Zinc phenol(or paraphenol) sulfonate	
明礬,硫酸鋁鉀	Alum	
硫酸鋅	Zinc sulfate	
二氫氧基尿囊素鋁	Aluminium dihydroxy allantoinate	
植物萃取收斂成分		62
金縷梅	Witch hazel	
蕁麻	Nettle	
麝香草	Thyme	
馬栗樹	Horse chestnut	
鼠尾草	Sage	
繡線菊	Meadowsweet	

卸妝油成分

中文名稱	英文名稱及別名	參考頁數
礦物性油		77,78
礦油	Mineral oil	
凡士林	Vaseline	
液態石蠟	Liquid paraffin	
石蠟	Petrolatum	
合成酯		70
十四酸異丙酯	Isopropyl myristate, IPM	79
十六酸異丙酯	Isopropyl palmitate, IPP	
三酸甘油酯	Capryic/capric triglyceride	
常用合成酯	Isododecane、Isohexadecane、Octyl palmitate、$C_{12\sim15}$ alcohols benzoate、Isppropyl isostearate、Isostearyl isostearate、 Cetyl octanoate、Cetearyl octanoate、Octyl stearate、Isopropyl stearate	
植物性油	Vegetable oil	81

中文個別成分導覽（1）

中（英）文名稱	功效（頁數）
二氧化鈦 (Titanium dioxide)	防曬 (256,259)
丁二醇 (Butylene glycol),PEG	卸妝水 (85)，保濕劑 (85,134,200)
十四酸異丙酯 (Isopropyl myristate)	卸妝用油 (70,79) 滲透助劑 (186)
十六酸異丙酯 (Isopropyl palmitate)	卸妝用油 (70,79) 滲透助劑 (186)
三乙醇胺 (Triethanol amine)	洗面乳鹼劑(15)、卸妝乳鹼劑(87,93) 敷面泥鹼劑 (127)
三酸甘油酯 (Capryic/capric triglyceride)	卸妝用油 (80)
小麥胚芽油 (Wheat germ oil)	保養油 (211)
山梨醇 (Sorbitol)	卸妝水 (85)、保濕劑 (134)
山羊膠 (Xanthan gum)	高分子黏液質 (173)
凡士林 (Vaseline)	卸妝用油 (78)
己二醇 (2-Methyl-2, 4-pentanediol)	保濕劑 (85,134,200)
木瓜酵素	去角質 (169)
木糖醇 (Xylitol)	保濕劑 (85,134,200)
天然泥漿、海泥、 河泥、礦泥	敷面劑基質 (132)
天然保濕因子 (NMF，Natural Moisturizing Factor)	保濕劑 (134,201)
水楊酸 (Salicylic acid)	去角質 (37,60)、面皰理療(235)
水楊酸鹽類 (Salicylates)	紫外線吸收劑 (258)
火雞油 (Kalaya oil)	保養油 (218)
月見草油 (Evening primrose oil)	保養油 (215)
中國黏土 (China clay)	敷面劑基質 (118)
壬二酸 (Azelaic acid)	面皰理療 (242)、美白成分 (279)
甘菊藍 (Azulene)	消炎、抗過敏 (54,88)
甘草萃取 (Licorice extract)	美白成分 (147)、抗敏成分 (55)、 解毒消炎劑 (88)

中文個別成分導覽（2）

中（英）文名稱	功效（頁數）
甘油 (Glycerin)	保濕劑 (134)
甘草酸 (Glycyrrhizinic acid)	抗敏成分 (55)、解毒消炎劑 (88) 美白助劑 (147,276)
甘草酸鉀 (Potassium glycyrrhizinate、 Dipotassium glycyrrhizinate)	抗敏成分 (55)、解毒消炎劑 (88) 美白助劑 (147,276)
β-甲基羧酸聚葡萄糖 (β-1, 3 Glucan)	抗老化 (293)
丙二醇 (Propylene glycol)	卸妝水 (85)、保濕劑 (134)
石蠟 (Petrolatum)	卸妝用油 (78)
去氧核糖核酸 (DNA)	抗老化 (294)
DNA生長因子	抗老化 (299)
多肽類 (Polypeptides)	抗老化 (299)
百里香 (Thyme)	具收斂效果植物萃取 (62,227)
尿素 (Urea)	保濕劑 (134)
尿囊素 (Allantoin)	消炎、抗過敏 (55)
杏核油 (Apricot kernel oil)	保養油 (216)
杜鵑花酸 (Azelaic acid)	面皰理療 (242)、美白 (279)
辛醯膠原胺基酸 (Capryloyl collagen amino acids)	調理油脂 (239)
汞化合物	美白 (281)
果酸 (Fruit acid)	美白成分 (278)、去角質成分 (148)、 果酸面膜 (154,162)
果膠 (Pectin)	高分子黏液質 (173)
表皮生長因子(EGF， Epidermis Growth Factor)	抗老化 (298)
紅藻 (Rhodophyta)	敷臉營養成分 (175)
胎盤素 (Placenta)	美白成分 (148)、抗老化成分 (291)
美拉白 (Melawhite)	美白成分 (147)
高嶺土 (Kaolin)	敷面劑基質 (118)
高海藻歧化酵素 (SPD)	抗老化、自由基捕捉劑 (297)
真皮生長因子 (DGF)	抗老化 (298)
脂肪分解酵素 (Lipase)	抗老成分 (169)

中文個別成分導覽（3）

中（英）文名稱	功效（頁數）
海藻膠 (Sodium alginate)	高分子黏液質 (173)
海藻萃取 (Seaweed、Alage extract)	敷臉營養成分 (174)
胸腺萃取 (Thymus peptides)	抗老化 (293)
桂皮酸鹽類 (Cinnamates)	紫外線吸收劑 (258)
氧化鋅 (Zinc oxide)	防曬成分 (256,258)
桑椹萃取 (Mulberry extract)	美白成分 (147)
夏威夷核果油 (Macadamia nut oil)	保養油 (214)
神經醯胺 (Ceramide)	抗老化 (250,290)
神經醯胺前驅物 (Phytosphingosine)	增強免疫力 (240)
茶樹精油 (Tea tree essential oi l)	抗菌 (241)
胺基甲基丙醇 (Amino methyl propanol)	卸妝乳鹼劑 (87,93)、 敷面泥鹼劑 (127)
胺基酸 (Amino acid)	保濕劑 (135,208)
甜沒藥 (Bisabolol)	消炎、抗過敏 (55,246)
液態石蠟 (Liquid paraffin)	卸妝用油 (78)
聚乙二醇 (Ployethylene glycol)	卸妝水 (85)，保濕劑 (85,134,200)
苯甲醇 (Benzyl alcohol)	卸妝溶劑 (87,96)
膨潤土 (Bentonite)	敷面劑基質 (117)
乳酸鈉 (Sodium lactate)	保濕劑 (134)
膠原蛋白 (Collagen)	保濕劑 (136,204)
質酸 (Mucopolysaccharides)	保濕劑 (136)
醣醛酸 (Hyaluronic acid)	保濕劑 (137,202,290)
醣蛋白 (Glycoprotein)	保濕劑 (136)
維生素C (Ascorbic acid)	美白成分(145,268)、抗氧化劑 (268)
維生素A酸 (Vitamin A acid)	去角質 (237)、抗老化 (287)、 面皰理療 (237)
維生素A (Retinyl palmitate)	抗老化 (287)
維生素A醛 (Retinal)	去角質 (288)、抗老化 (288)

中文個別成分導覽（4）

中（英）文名稱	功效（頁數）
維生素A醇 (Retinol)	去角質 (237)、抗老化 (288)
維生素原B₅ (D-Panthenol)	保濕劑 (207)
維生素B₂	油脂調理 (229)
維生素B₆	油脂調理 (229)
維生素E	抗氧化劑 (263)
熊果素 (Arbutin)	美白成分 (146)
麴酸 (Kojic acid)	美白成分 (146)
烷基水楊酸鹽 (Tridecyl salicylate)	去角質成分 (236)
烷基甘草酸 (Stearyl glycyrrhizinate)	美白 (276)、抗敏成分 (248)、 解毒消炎成分 (276)
酵素 (Enzyme)	去角質 (168)
偽膠原蛋白 (Pesudo collagen)	保濕劑 (159)
蛋白分解酵素 (Protease)	抗老成分 (169)
胎盤酵素 (Placenta enzyme)	抗老成分 (169)
阿拉伯膠	高分子黏液質 (173)
綠藻 (Chlorophyta、Chlorella)	敷臉營養成分 (175)
綠藻生長因子 (CGF, Chlorella Growth Factor)	敷臉營養成分 (175)
硫化藻膠 (Sulfated phyco colloids)	敷臉營養成分 (176)
褐藻 (Phaeophyta)	敷臉營養成分 (175)
鳳梨酵素	去角質 (169)
聚乙二醇 (Polyethylene glycol, PEG)	保濕劑 (134)
聚丙二醇 (Polypropylene glycol, PPG)	保濕劑 (134)
硫酸軟骨素 (Chondroitin sulfate)	保濕劑 (137)
荷荷蕋油 (Jojoba oil)	保養油 (211)
酪梨油 (Avocado oil)	保養油 (213)

中文個別成分導覽（5）

中（英）文名稱	功效（頁數）
類胡蘿蔔素 (Carotenoids)	抗氧化劑 (214)
棕櫚烯酸 (Palmitoletic acid)	護膚脂肪酸 (214)
γ-亞麻仁油酸 (γ-Linolin acid)	護膚脂肪酸 (215)
琉璃苣油 (Borage oil)	保養油 (217)
葵花油 (Sunflower oil)	保養油 (217)
薔薇實油 (Rose hip oil)	保養油 (218)
葡萄子油 (Grape seed oil)	保養油 (218)
臻果油 (Hazel nut oil)	保養油 (218)
開心果油 (Pistachio nut oil)	保養油 (218)
鼠尾草 (Sage)	具收斂效果植物萃取 (62)
繡線菊 (Meadowsweet)	具收斂效果植物萃取 (62)
聖約翰草 (St-jon's-wort)	具收斂效果植物萃取 (227)
酚類 (Phenol)	油脂抑制、制菌劑 (230)
類固醇	抗炎藥品 (233)
過氧化苯醯 (Benzoyl peroxide)	去角質、殺菌 (39)
棕櫚醯基膠原蛋白酸 (Palmitoyl collagen amino acids)	抗老化、抗敏 (250)
吲哚美洒辛 (Indomethacin)	抗炎藥品 (251)
鄰氨基苯甲酸鹽類 (Anthranilates)	紫外線吸收劑 (258)
麥拉寧色素	防曬 (260)
超氧化歧化酵素 (SOD)	抗老化、自由基捕捉劑 (296)
對苯二酚 (Hydroquinone)	美白 (272)
偏二硫化鈉 (Sodium metabisulfite)	抗光劑 (273)
穀胱甘肽 (Glutathione)	自由基捕捉劑、美白 (274)
過氧化氫 (Hydrogen peroxide)	美白 (281)

英文個別成分導覽（1）

名稱	功用簡介	頁數
APGs， Alkyl polyglucoside, APGs	清潔成分	21
Sodium lauryl sulfate, SLS	清潔成分	17
Sodium laureth sulfate, SLES Sodium lauryl ether sulfate, SLES Sodium laureth-2 sulfate, Sodium trideceth sulfate	清潔成分	18
Disodium laureth sulfosuccinate, Disodium lauramido MEA-sulfosuccinate	清潔成分	19
MAP, Mono alkyl phosphate	清潔成分	20
Sodium cocoyl sarcosinate, Sodium lauryl sarcosinate	清潔成分	19
Lauryl betaine, Cocoamidopropylbetaine, Lauramidopropyl betaine	清潔成分	21
Acylglutamates Sodium N-lauryl-l-glutamate, SodiumN-cocoyl-l-glutamate, N-cocoyl glutamic acid, TEA N-cocoyl glutamate, Potassium N-cocoyl glutamate	清潔成分	22
Imidazoline Acyl amphoglycinate B-N-Alkyl aminopropinic acids Sodium lauriminodipropinate Sodium-B- iminodipropinate Alkyl amphoacetate acids Sodium cocoamphoacetate Disodium cocoamphodiacetate	清潔成分	22
Alage extract	植物萃取	174
Allantoin	尿囊素，皮膚理療劑	55,247
Amino acid	胺基酸，皮膚理療劑	208
Amino methyl propanol	鹼劑	15,87
Anthranilates	防曬成分	258

英文個別成分導覽（2）

名稱	功用簡介	頁數
Apricot kernel oil	保養用油	216
Arbutin	美白成分	273
Ascorbic acid	美白成分、抗氧化劑	268
Avocado oil	保養用油	213
Azelaic acid	面皰理療、美白成分	242,279
Azulene	抗敏成分	54
Bentonite	敷面泥基質	117
Benzoyl peroxide	面皰理療成分	39
Benzyl alcohol	卸妝溶劑、防腐劑	87,96
Bisabolol	抗敏成分	55
Borage oil	保養用油	217
Butylene glycol	保濕劑	85,134
C_{12-15} alcohols benzoate	合成酯、乳霜基礎油	79
Capryic/capric triglyceride	卸妝油、保養油	79
Capryloyl collagen amino acids	油脂調理成分	239
Carotenoids	抗氧化劑	214
Ceramide	營養理療成分	290
CGF, Chlorella Growth Factor	抗老化成分	175
China clay	敷面泥膏基質	118
Chlorella	綠藻萃取、營養成分	175
Chlorophyta	綠藻萃取、營養成分	175
Chondroitin sulfate	保濕劑	176
Cinnamates	紫外線吸收劑	258
Collagen	保濕成分	159
DGF	抗老化成分	298
Dipotassium glycyrrhizzinate	抗敏、消炎成分	55
DNA	抗老化成分	294
D-Panthenol	保濕、營養理療成分	207
EGF, Epidermis Growth Factor	抗老化成分	298
Enzyme	酵素、去角質成分	156
Evening primrose oil	保養用油	215
Fruit acid	果酸、去角質成分	154
β-1, 3 Glucan	抗老化成分	293

英文個別成分導覽（3）

名稱	功用簡介	頁數
Glutathione	自由基捕捉劑、抗老成分	274
Glycerin	保濕劑	199
Glycoprotein	保濕、理療成分	136
Glycyrrhizinic acid	抗敏、解毒、消炎成分	147,248 276
Grape seed oil	保養油	217
Hazel nut oil	保養油	217
Hyaluronic acid	保濕劑	157,290
Hydrogen peroxide	美白成分	281
Hydroquinone	美白成分	272
Indomethacin	抗炎藥物	251
Isododecane	合成酯、透氣油	79
Isohexadecane	合成酯、透氣油	79
Isopropyl isostearate	合成酯、透氣油	79
Isopropyl palmitate	合成酯、透氣油	79
Isostearyl isostearate	合成酯、透氣油	79
Kalaya oil	保養油	217
Kaolin	敷面泥基質	118
Kojic acid	美白成分	146,270
Licorice extract	抗敏、消炎、解毒成分	55
Lipase	酵素	169
Liquid paraffin	礦物油脂	78
Macadamia nut oil	保養油	214
Meadowsweet	植物萃取	62
Melawhite	美白成分	147
2-Methyl-2,4-pentanediol	保濕劑	134
Mineral oil	礦物油脂	78
Mucopolysaccharides	保濕劑	136
Mulberry extract	美白成分	147
NMF, Natural Moisturizing Factor	天然保濕因子	201

英文個別成分導覽（4）

名稱	功用簡介	頁數
Octyl palmitate	合成酯、透氣油	79
Palmitoletic acid	不飽和脂肪酸	214
Palmitoyl collagen amino acids	抗敏、護膚成分	250
Pesudo collagen	保濕劑	159
Petrolatum	礦物油脂	78
Phenol	酚類、抗菌成分	230
Phytosphingosine	增強免疫力成分	240
Pistachio nut oil	保養油	218
Placenta	營養理療成分	291
Placenta enzyme	營養理療成分	169
Polyethylene glycol, PEG	保濕劑	134
Polypeptides	營養理療成分	299
Polypropylene glycol, PPG	保濕劑	134
Potassium glycyrrhizinate	抗敏、解毒、 消炎成分	147,248 276
Retinal	去角質、除皺成分	157,287
Retinol	去角質、除皺成分	287
Retinyl palmitate	去角質、除皺成分	287
Rhodophyta	紅藻、敷臉營養成分	175
Rose hip oil	保養油	218
Sage	植物萃取	51
Salicylates	紫外線吸收劑	258
Salicylic acid	去角質	37,60
Seaweed extract	植物萃取	174
Sodium alginate	高分子黏液質	173
Sodium metabisulfite	抗光劑	273
Sodium lactate	保濕劑	26
SOD	抗老化成分	296
Sorbitol	保濕劑	85,134
SPD	抗老化成分	297
Stearyl glycyrrhizinate	抗敏、消炎、 美白助劑	248 276

英文個別成分導覽（5）

保健叢書88
化妝品好壞知多少

2001年1月初版　　　　　　　　　　　　　　定價：新臺幣290元
2015年6月初版第二十四刷
2017年8月二版
2020年6月二版三刷
有著作權・翻印必究
Printed in Taiwan.

著　　者	張　麗　卿	
責任編輯	簡　美　玉	
校對者	曾　秋　蓮	
封　面 內頁設計	韓　光　耀	

出　版　者	聯經出版事業股份有限公司	副總編輯	陳　逸　華
地　　　址	新北市汐止區大同路一段369號1樓	總　經　理	陳　芝　宇
叢書主編電話	(02)86925588轉5318	社　　長	羅　國　俊
台北聯經書房	台北市新生南路三段94號	發　行　人	林　載　爵
電話	(02)23620308		
台中分公司	台中市北區崇德路一段198號		
暨門市電話	(04)22312023		
郵政劃撥帳戶	第0100559-3號		
郵撥電話	(02)23620308		
印　刷　者	世和印製企業有限公司		
總　經　銷	聯合發行股份有限公司		
發　行　所	新北市新店區寶橋路235巷6弄6號2F		
電話	(02)29178022		

行政院新聞局出版事業登記證局版臺業字第0130號

本書如有缺頁，破損，倒裝請寄回台北聯經書房更換。　　ISBN　978-957-08-4986-8 (平裝)
聯經網址 http://www.linkingbooks.com.tw
電子信箱 e-mail:linking@udngroup.com

國家圖書館出版品預行編目資料

化妝品好壞知多少 / 張麗卿著 .
二版 . 新北市 . 聯經 . 2017.08
334面；14.8×21公分 . (保健叢書；88)
ISBN 978-957-08-4986-8(平裝)
[2020年6月二版三刷]

1.化妝品 2.皮膚美容學

425.4 106013148

四季調養藥膳

鄭振鴻醫師 編著

「順四時而適寒暑」，是中醫養生的主要原則，四季氣候的變化，對人體的生命活動，有極大的影響，人們要順時節養生，對疾病的調養亦然。因此，依一年四季的規律和特性，來調養身體，才能達到健康長壽。

本書的目的，在糾正一般人認為補品即補身的觀念，實際上補藥有其特性與禁忌，人的體質有寒、熱、虛、實之別，天氣有春、夏、秋、冬之異。調養身體，因人、因地、因病而不同，針對各種常見的疾病，依季節來服用，才能吃出健康。

如何使用維他命

李世代醫師 著

一顆小小的「維他命」，從無到有，從懵懵懂懂到充分了解掌握，是集合了多少人在有心、無意、機緣巧合、峰迴路轉等努力與錘鍊，或加上運氣，歷經千百年的「難產」過程而誕生。歷史上不少著名的公共衛生健康大事，因維他命的問世，而得以解決。「維他命」是一種不可或缺的營養素之一，對健康有極為珍貴的價值，缺之不可。

欲充分了解每一種維他命，必須先明瞭其發展背景、特性、健康作用與功能、代謝途徑、缺乏病況、計量、每日合理的建議攝取量、臨床用途、來源、安全度與其他須注意事項等多層面之內容，才能進一步掌握，使其成為促進健康之利器。

請劃撥0100559-3　聯經出版公司

常見婦女疾病
台大醫師全力合作 婦科疾病的百科全書
李鎡堯醫師 等著

在忙碌的生活裡，不少婦女常會有一些身體不舒適或異常情況，像是月經異常、經痛、腰痛、分泌物增多或下腹悶痛……等，妳會即刻找醫生看診嗎？

這時候如果身邊有本可靠的相關參考書，妳就可以自己先了解一下，減少多餘的緊張和煩惱，這樣也就等於有位婦產科醫師在身邊讓妳諮詢。本書即是為達到此目的而寫的一本有系統、具專業性且平易解讀的婦女疾病書籍。

活過100歲的養生秘訣
Thomas T. Perls等著　霍達文譯

兩位作者發現，長壽的秘訣不在於如何保持年輕，而在如何耐老。百歲族的生活方式，攝取的維他命，和服用的藥物，都使他們耐老，甚至減緩老化的過程。本書突破傳統的新見包括：

❖ 基因是有關係，但你我都可以找到方法來利用我們生來具備的長命基因，並且補強我們生來缺乏的長命基因。

❖ 證據顯示，學習新技能，真的有助更新或延伸大腦細胞的生命。

❖ 百歲族具備一種「百歲族人格」，是人人都能培養的特質。

許許多多人都能健健康康活到九十、一百歲，只要善用此書提供的可貴靈感和科學證據。

重建你的健康
安・威格摩爾博士與生機飲食
Ann Wigmore著　林碧霞譯

現代人健康問題主要肇自酵素不足。生機飲食可提供健康所需的元素，特別是「酵素」也包括在內，它是重整健康最重要的利器。安・威格摩爾是希波克拉底健康研究所的創始人，她也創設基金會與教學中心，歷經35年之久，積極向大眾宣導健康的理念，並強調致病的主因是「營養不足」與「毒素累積」。

由於她本人藉助生機食物克服了癌症，並使衰弱的身體重獲健康，此鮮活的經驗向大家說明：只要依循「大自然的原則」過活，應可免除疾病之苦。已有成千上萬的人受益於安博士的教導，也的確重獲健康了。你若真有意願健康地過活，可由本書得到充分的相關資訊。

歡迎上網查詢！
聯經網址：www.udngroup.com.tw/linkingp